ABHANDLUNGEN

AUS DEM

STAATSWISSENSCHAFTLICHEN SEMINAR

ZU

STRASSBURG i. E.

HERAUSGEGEBEN

VON

G. F. KNAPP UND W. WITTICH.

HEFT XXIV.

KURT BLAUM:
DAS GELDWESEN DER SCHWEIZ.

STRASSBURG
VERLAG VON KARL J. TRÜBNER
1908.

DAS

GELDWESEN DER SCHWEIZ

SEIT 1798

VON

KURT BLAUM.

STRASSBURG
VERLAG VON KARL J. TRÜBNER
1908.

M. DuMont Schauberg, Straßburg.

DEM ANDENKEN MEINER MUTTER.

Die vorliegende Arbeit ist im Jahre 1907 im nationalökonomisch-statistischen Seminar der Professoren G. F. Knapp und W. Wittich zu Straßburg i. E. entstanden. Für dieselbe wurde fast ausschließlich amtliches Material benutzt. Auf abweichende Ansichten in der vorhandenen Literatur ist nicht eingegangen, da dieselben größtenteils auf anderer Auffassung vom Wesen des Geldes beruhen.

Für bereitwillige Auskunft bin ich den Direktoren mehrerer schweizerischer und oberrheinischer Banken und Herrn Dr. Tr. Geering, Sekretär der Handelskammer zu Basel, zu Dank verpflichtet. Insbesondere danke ich meinem hochverehrten Lehrer Professor Dr. G. F. Knapp für das rege Interesse und die Unterstützung, die er dieser Arbeit jederzeit in liebenswürdigster Weise zuteil werden ließ.

INHALT.

EINLEITUNG.

Die ursprünglichste und einfachste Art, Zahlungen zu leisten, ist der Autometallismus. Die Zahlung erfolgt hierbei durch Übergabe eines als Zahlungsmittel dienenden Stoffes, dessen Gewicht durch die Anzahl der zu übertragenden Werteinheiten bestimmt wird, und der den Empfänger der Zahlung auch dann völlig befriedigt, wenn er nicht weiter als Zahlungsmittel benutzt wird. Ein derartiger Zahlungsverkehr besteht in der Schweiz nicht mehr.

Eine zweite Art der Zahlung ist die Stückzahlung. Hier wird durch Übergabe eines stofflichen Stückes (Geld) gezahlt, dessen Beschaffenheit die Rechtsordnung der Zahlungsgemeinschaft genau bestimmt, und dem sie die Kraft verleiht, ihr gegenüber eine bestimmte Anzahl von Werteinheiten zu gelten: Zahlung in „Geld".

Es gibt noch eine dritte Zahlungsart, die Girozahlung. Die Zahlung erfolgt hierbei durch reine Überweisung der Werteinheiten an der zentralen Zahlstelle der Gemeinschaft. Da wir es in der folgenden Abhandlung nur mit dem Geldwesen der Schweiz zu tun haben, bleibt die Girozahlung unberücksichtigt.

Hier interessiert allein die Stückzahlung, als die Zahlung in Geld. Bei dieser erfolgt die Darstellung des Zahlungsmittels durch die Erklärung des Staates, daß stoffliche Stücke von bestimmter Beschaffenheit ihm gegenüber als Träger einer gewissen Summe von Werteinheiten gelten sollen. Dadurch schafft sich der Staat Zahlmarken, Zahlkarten. Die stoffliche Beschaffenheit derselben ist nicht wesentlich für ihre Geltung als Geld, sondern ihre rechtliche Eigenschaft als Zahlkarten, ihre Chartalitaet. Diese ist allein ausschlaggebend: „Das Geld ist ein Geschöpf der Rechtsordnung".[1])

Von diesen Grundanschauungen ausgehend, hat Georg Friedrich Knapp in seiner „Staatlichen Theorie des Geldes" das Geldwesen der Staaten: England, Frankreich, Deutsches Reich und Österreich dargestellt. Im folgenden wird nun der Versuch gemacht, in gleicher Weise das Geldwesen der Schweiz seit 1798 darzustellen.

Dabei mußte der Begriff „einseitiger Synchartismus" eingeführt werden. Die „Staatliche Theorie" bezeichnet mit Synchartismus die beiderseitige, auf völkerrechtlichem Vertrag beruhende Annahme des beiderseitigen Geldes zweier Staaten in jedem derselben.[2]) Das Geldstück des einen Staates ist auch Geldstück des anderen und umgekehrt. Dies ist der Fall in der Lateinischen Münzunion, war der Fall im deutsch-österreichischen Münzverein von 1857.

In der Schweiz tritt jedoch auch die nur einseitige Annahme eines fremden Geldstückes durch den Staat auf. Diese beruht auf einseitigem Staatsakt, nicht auf Staatenvertrag. Durch diesen Vorgang wird der annehmende Staat für das synchartal behandelte Geldstück eine Geldprovinz des anderen. Dieser Zustand ist der des „einseitigen Synchartismus". Er kehrt in der Schweiz in den verschiedensten Formen wieder.

---

[1]) G. F. Knapp „Die staatliche Theorie des Geldes" Leipzig, 1905, S. 1.
[2]) loc. cit. S. 68, 257, 318.

I. ABSCHNITT.

EINIGUNGSBESTREBUNGEN UND REFORMVERSUCHE, 1798—1840.

§ 1.

DIE ZEIT DES HELVETISCHEN GELDES. 1798—1830.

Am 22. März 1798 proklamierte der französische General Brune von Bern aus im Auftrage des Direktoriums der französischen Republik: „la Nation Helvétique et sa Constitution en République une, indivisible, démocratique et représentative“.[1]) Damit war nach der Stürzung des aristokratischen Regiments in den Kantonen und nach kurzen Kämpfen die Eidgenossenschaft als ein einheitliches Staatswesen, als helvetische Republik errichtet: die bisher souveränen Kantone waren zu Verwaltungsprovinzen herabgedrückt. Als Muster für das neue Staatsgebilde schwebte die Verfassung der damaligen französischen Republik vor. Daher fiel auch die mehr oder weniger aufgezwungene Verfassung vom 12. April 1798, die durch die Vertreter von 10 Kantonen in Aarau angenommen wurde, in diesem Sinne aus.[2])

Mit der Annahme dieser Verfassung war auch die Münzhoheit als integrierender Bestandteil der Souveränetät an die neue Republik abgetreten. Im Texte der Verfassung ist dies nicht ausdrücklich bemerkt, jedoch sagt Art. 50: „Les Conseils

---

[1]) Die Worte nach der Proklamation des Armeekommissärs Lecarlier vom 28. März, Art. V. (Kaiser und Strickler, Bundesverfassungen S. 5).

[2]) Die Angaben der Verfassungsgeschichte stammen aus Kaiser und Strickler, Geschichte und Texte der Bundesverfassungen, Bern 1901, sowie aus Dändlicker, Geschichte der Schweiz, III. Bd., S. 365 ff. der 3. Aufl. Zürich 1904.

législatifs ratifient ou rejettent, sur la proposition préalable et nécessaire du Directoire exécutif, tout ce qui concerne les finances . . . . . .“

Auf Grund dieses Rechtes beschlossen die gesetzgebenden Räte der Republik am 19. März 1799 die Errichtung eines helvetischen Münzsystems mit folgenden Grundlagen:

Als Münzeinheit wurde eine neue Münze festgesetzt, der sog. Schweizerfranken, der $^1/_{37}$ der pariser Mark (= 244,752 gr) feinen Silbers oder 124,54 Gran (= 6,614 gr) enthalten sollte. Er wurde eingeteilt in 10 Batzen zu je 10 Rappen (1 Schwzfr. = 100 Rpn.). Es sollten Stücke zu 40, 20, 10 und 5 Batzen aus Silber und zu 1 und $^1/_2$ Batzen, sowie zu 2 und 1 Rappen aus Billon geprägt werden. Die Goldstücke von 2 und 1 Dublonen sollten in einer Feinheit von $21^{22}/_{32}$ Karat ausgebracht werden. Einstweilen, d. h. bis man den Münzfuß des Scheidegeldes endgültig festgesetzt hätte, sollten die Münzen bis zu 5 Batzen nach dem bernischen Münzfuß geprägt werden.

Schon diese letzte Bestimmung[1]) beweist, daß es der helvetischen Regierung auf möglichst beschleunigte Ausprägung ankam. Das geht auch daraus hervor, daß man für über $^1/_2$ Mill. Schweizerfranken (Schwzfr.) Scheidegeld sofort ausprägen ließ (Stücke zu 50, 10, 5, 2 und 1 Rappen). Hierbei machte nämlich die helvetische Regierung einen Reingewinn von etwa 100000 Schwzfr.[2]) Man wirft daher allgemein mit Recht der damaligen Regierung vor, sie habe sich durch die Ausprägung dieser geringhaltigen Kleinmünzen Gewinn zu verschaffen gesucht.[3]) Ein billiges, aber nicht genug zu verurteilendes Mittel, da keine anderen vollwertigen Münzen in dem neuen System in genügender Menge geprägt wurden, die man durch Einlösung der unterwertigen hätte erhalten können.

---

[1]) Die Badener Münzkonferenz von 1757 hatte eingehende Vorschläge hinterlassen, sodaß eine selbständigere Festsetzung nicht schwer gefallen wäre.

[2]) Speiser, Expertenbericht im schweizerischen Bundesblatt 1849 Nr. 54, III. Bd., S. 10.

[3]) Ebendort S. 6 von Speiser ausgesprochen.

Die verhältnismäßig geringe Zahl von 40, 20 und 10 Batzenstücken aus Silber (1, 2, 4 Schwzfr.) und die sehr seltenen 2 und 1 Dublonenstücke aus Gold kamen zu wenig in den Verkehr. Es wurden an diesen Sorten nur für 271216 Schwzfr. in Gold und für 188785 Schwzfr. in Silber[1]) geprägt.

Von einer Einlösung und Vernichtung der bisherigen Kantonalmünzen verlautete noch nichts. Dieselben sollten jedenfalls eingezogen werden, aber die rasche Folge der politischen Ereignisse gewährte nicht die dafür nötige Ruhe und Sicherheit.

Dem helvetischen Münzwesen lag folgendes System zu Grunde:

Man wollte eine Silberwährung schaffen unter Anwendung einer neuen Werteinheit und des Dezimalsystems. Die Goldmünzen sollten nur nebenher im Auftrage und für Rechnung Privater geprägt werden. Sie waren also „bares Geld" und wurden nach der Norm ausgebracht: 1 gr Gold von der Feinheit 0,903645 ist 15,5 mal soviel wert, wie 1 gr Silber $^9/_{10}$ fein. 10 Schwzfr. aus Gold (= $^{10}/_{16}$ Dublone) verhielten sich also dem Gewicht nach zu 10 Schwzfr aus Silber wie $1 : 15^1/_2$.

Die Silbermünzen sollten nur vom Staate ausgeprägt werden. Ihre Norm bestimmte, daß aus jeder pariser Mark feinen Silbers 37 Schweizerfranken geschlagen werden sollten.

Die Gold- und Silbersorten, also die Stücke zu 1, 2, 4, 16 und 32 Schwzfr. (10, 20, 40 Batzen, 1 und 2 Dublonen) waren Kurantgeld. Einlösbar waren diese Münzsorten nicht.

Soweit man damals mit dem kleinen Posten helvetischen Geldes zahlte, wurde das Silbergeld valutarisch behandelt: Die helvetische Republik hatte eine notale Silberwährung mit Barverfassung des Goldgeldes.

Wie stand es nun mit den später so verrufenen helvetischen Scheidemünzen? Man verstand damals unter „Scheidemünzen" die allerkleinsten Stücke (der Geltung nach), die aus Rücksicht

---

[1]) Nach J. Strickler „Das schweizerische Münzwesen im Übergang vom 18. zum 19. Jahrhundert" in der Zeitschr. f. Sozial- und Wirtschafts-Geschichte, II. Bd., S. 309.

auf Größe und Erkennbarkeit nicht einen ihrem Nennwert gleichen Metallgehalt hatten, sondern stark unterwertig aus einer Legierung ausgeprägt waren. Daß die helvetische Regierung diesen Gebrauch auch auf Stücke von 50 Rappen Geltung ausdehnte, die man dem bisherigen Gebrauch folgend mit 3,307 gr Silber hätte versehen müssen, erregte allgemeinen Unwillen. — Was hatte man denn mit dieser Maßnahme getan? Man hatte ein chartales Zahlungsmittel von einer Geltung geschaffen, in der man dieselben bisher nicht gewohnt war. Die 50 Rappenstücke waren nicht, wie die 1, 2 usw. Frankenstücke ein pensatorisches Zahlungsmittel, sondern ein chartales; ihre Geltung hing nicht von ihrem Feingehalt an Metall ab, sondern von der Proklamation als staatliches Geld.

So erschien ein Zahlungsmittel, das real (nicht als Zahlungsmittel) verwandt einen Minimalwert hatte, das aber zirkulatorisch (als Zahlungsmittel) verwendet werden konnte, soweit die Macht der Republik reichte, d. h. soweit helvetische Gerichte seine Hingabe als Zahlung für rechtsgültig erklärten.

Für kleinere Münzwerte bestand diese Einrichtung, wie erwähnt, schon lange. Man hatte sie mit der technischen Schwierigkeit der Darstellung geringwertiger Münzen mit vollem Gehalt an Münzmetall erklärt und übersehen, daß man damit ein ganz anders geartetes Zahlungsmittel geschaffen hatte. So dehnte die helvetische Regierung nur den Umfang der chartalen Zahlungsmittel aus, was eine höchst zweckmäßige Maßregel war.[1])

Es muß anerkannt werden, daß die Schaffung des helvetischen Geldes trotz aller Mängel einen großen Fortschritt bedeutete. Wäre dieses Münzsystem ausgeführt worden, so hätte die Schweiz ein einheitliches, nationales Münzwesen erhalten, das in seinen Grundzügen auf durchaus guten Bestimmungen beruhte.

---

[1]) Diese Maßregel konnte für den innerstaatlichen Verkehr natürlich nie Schaden bringen, wohl aber, da das Scheidegeld uneinlösbar war, für den Verkehr nach dem Auslande. Bei der pensatorischen Verfassung der Zahlungsmittel höherer Geltung nahm außerhalb der helvetischen Republik natürlich niemand diese Münzen an.

Übersicht über das helvetische Münzsystem.

<table>
<tr><th>Geltung</th><th colspan="3">Beziehungen z. Metall</th><th colspan="3">Funktionelle Einteilung</th></tr>
<tr><td>1, 2 Rappen</td><td rowspan="2">Billon</td><td rowspan="4">notal</td><td rowspan="3">unterwertig</td><td rowspan="5">[1]
Kurantgeld</td><td rowspan="5">definitiv</td><td rowspan="2">akzessorisch</td></tr>
<tr><td>$^1/_2$, 1 Batzen</td></tr>
<tr><td>5 Batzen</td><td rowspan="2">Silber</td><td rowspan="2">valutarisch</td></tr>
<tr><td>1, 2, 4 Franken</td><td rowspan="2">vollwertig</td></tr>
<tr><td>1, 2 Dublonen</td><td>Gold</td><td>bar</td><td>akzessorisch</td></tr>
</table>

Daß dieses Geldsystem nicht ausgebaut wurde, liegt nicht an ihm selbst. Frankreich hatte der Schweiz zwar die Freiheit von aristokratischer Bedrückung gebracht, aber das neue Staatswesen und seine Verfassung war den Eidgenossen in Aarau doch mehr aufgezwungen, als aus ihrem freien Willen entstanden. Der Haß gegen dieses klebte an allem, was von ihm ausging; so auch an den Münzen der Helvetik. Läßt dies das baldige Scheitern der Einheitsbewegung begreiflich erscheinen, so liegt doch der Hauptgrund in dem Umstande, daß das schweizerische Volk noch nicht zu einer Höhe politischer Reife erzogen war, die ihm eine engere Zentralisation als Notwendigkeit hätte erscheinen lassen.

Kaum war die helvetische Regierung und die gesetzgebende Körperschaft zusammengetreten, so ging man an die Ausarbeitung einer neuen Verfassung. Sie wurde als Entwurf des Senats dem großen Rat am 5. Juli 1800 vorgelegt. In Art. 6 derselben heißt es: „Gleicher Geldkurs soll eingeführt werden".[2])

Dieser Entwurf wurde nie Gesetz, denn wenige Monate später begannen die Kämpfe zwischen den Föderalisten, den Anhängern des losen Staatenbundes und den Unitariern, den Freunden des Einheitsstaates. In ihrem Verlaufe wurden verschiedene Entwürfe zu einer helvetischen Verfassung ausgearbeitet. Sie alle enthielten die Bestimmung, daß „die Verfertigung und Polizei der Münzen" dem Bunde zustehe.

---

[1]) Gesetzlich nicht Scheidegeld, da keine kritische Höhe bestand.
[2]) Kaiser u. Strickler, Bundesverfassungen, S. 49.

Art. 13 der durch die Unitarier nach dem Staatsstreich (vom 17. April) am 2. Juli 1802 durchgesetzten sog. zweiten helvetischen Verfassung sagt:

„Die allgemeine Staatsverwaltung umfaßt alle Gegenstände des gemeinsamen Wohls und die der Souveränetätsausübung wesentlich angehören, als . . . .

Die Verfertigung und Polizei der Münzen".[1])

Diese Verfassung war nicht ganz ein Jahr in Geltung. Um den 10. März 1803 ist die ganze Helvetik in der Stille überall begraben worden und an ihre Stelle trat die von Napoleon Bonaparte gegebene Mediationsakte vom 19. Febr. 1803. Art. 7 derselben lautet:

„Les monnaies fabriquées en Suisse ont un titre uniforme, qui est déterminé par la diète."[2])

Damit war die Münzhoheit wieder an die Kantone zurückgefallen, nur der Münzfuß sollte einheitlich geregelt werden. Auf Grund dieses Artikels setzte die Tagsatzung am 11. Aug. 1803 den Feingehalt des Schweizerfrankens, den man als Werteinheit beibehielt, auf 6,77025 gr (127,5 Gran) fest. Die Ausprägung von Scheidegeld wurde kontingentiert.

Die Helvetik hatte aber der Eidgenossenschaft eine halbe Million ganz unterwertiger Scheidemünzen ihres Gepräges hinterlassen, die jetzt niemand einlösen wollte. Sie schwebten jetzt völlig herrenlos umher und bildeten eine ständige Klage auf den Tagsatzungen.

Das hinderte aber die Kantone nicht, dem gegebenen Beispiele nachzueifern und ebenfalls Unsummen von stark unterwertigen Kleinmünzen zu prägen. Um die Gehaltsbestimmungen der Tagsatzung und die Kontingentierung kümmerte man sich nicht. So entstanden von 1803—1811 über 2 Mill. Schwzfr. von verschiedenstem Gehalt, Gepräge und Gewicht. Jeder Reformversuch scheiterte an dem Widerstand der östlichen Kantone[3]) oder an der Schwerfälligkeit der Tagsatzung.

---

[1]) Kaiser u. Strickler, S. 101.

[2]) Ebendort, S. 118.

[3]) Speiser, Expertenbericht im Schweiz. Bundesblatt 1849 III. Bd. S. 6/7.

Mit dem Bundesvertrag vom 7. August 1815 war die alte Eidgenossenschaft wieder hergestellt. In ihm stand über das Münzwesen nichts mehr.

So war von all dem guten Samen, den die französische und die schweizerischen Revolutionen ausgestreut hatten, für das Münzwesen eigentlich nichts aufgegangen. Staatsrechtlich ohne Erfolg und in ihren hinterlassenen Einrichtungen eine Last für die Zeitgenossen, war diese ganze großzügige Epoche ohne praktischen Fortschritt für die Schweiz vorübergerauscht. Aber den Drang und das Sehnen nach staatlicher Einheit und neuzeitlichem Fortschritt hinterließ sie auch dort und legte damit den Keim zu künftigen Schöpfungen. —

Dieses Streben nach größerer Einigung der schweizerischen Kantone begann bereits kurz nach dem Wiener Frieden sich geltend zu machen. Besonders in den reformierten, deutschen Kantonen arbeiteten einzelne hervorragende Männer ohne Unterlaß auf die Gründung eines Bundesstaats mit straffer Zentralisation hin. Inzwischen suchte man mit Hilfe des lahmen und schwerfälligen Apparates der Tagsatzung etwas zustande zu bringen.

So ging es auch im Münzwesen. Über kleine Reformen und Einigungsvorschläge ist die Folgezeit nicht hinaus gekommen. Allerdings klärten sich aber dadurch die Ansichten nicht unwesentlich.

Bereits 1814 und ebenso 1816 stellte Bern auf der Tagsatzung den Antrag, das Münzwesen zu vereinheitlichen. Derselbe kam kaum zur Debatte!

1819 wurde eine Kommission mit der Beratung der Münzfrage betraut. Ihre Vorschläge verhallten fruchtlos. So kamen nur einige schwache Bechlüsse zustande, denen nicht einmal alle Kantone beitraten.

Der erste dieser am 14. Juli 1819 gefaßten Beschlüsse setzte den schweizerischen Münzfuß fest. Der Schweizerfranken sollte $1\,^1/_2$ livre tournois an Silberfeingehalt oder 125, 514 113 Gran (= 6,66 479 gr) enthalten. Die rauhe Mark wäre in $33\,^{15}/_{37}$ Schweizerfranken auszuprägen. Für die Goldmünzen nahm man den französischen Münzfuß an, wie in der Helvetik, und es sollten 27 Schweizerfranken zu 40 französischen Franken rechnen, demnach der Schweizerfranken 8 $^{9}/_{93}$ Gran Feingold enthalten.[1])

Ferner wurde ein Konkordat abgeschlossen zum Zwecke der Mitteilung aller Verrufungen und Tarifierungen, und um sich auf die Falschmünzerei gegenseitig aufmerksam zu machen.[2]) Auch tarifierte man für die Geldzahlungen der Kantone an den Bund den Brabanter-, Kronen- und die süddeutschen Taler zu 39, das Sechslivresstück zu 40 Batzen.[3])

Um den Verrufungen der helvetischen Scheidemünzen, die als heimatlose von einem Kanton in den andern getrieben wurden, entgegenzutreten, beschloß man im Prinzip ihre Einziehung auf Kosten der Kantone, die der helvetischen Republik angehört hatten. Bis dahin verbot man alle Verrufungen der 5, 1 und $^{1}/_{2}$ Batzenstücke helvetischen Gepräges.[4])

Einen Erfolg hatten diese Beschlüsse der Tagsatzung nicht. Nach wie vor machte jeder Kanton in seinem Münzwesen, was er wollte.

1821 stellte Freiburg ebenfalls den Antrag, ein einheitliches Münzwesen zu schaffen, hatte jedoch nicht mehr Erfolg wie seinerzeit Bern.

Im Anfang der zwanziger Jahre war der Überfluß an Scheidemünzen geringen Metallwerts so groß, daß man allerseits darüber klagte. Es liefen etwa für 8, 5 Mill. Schwzfr. in solchen Kleinmünzen eigenen Gepräges um. Alle Besserungsversuche der Tagsatzung scheiterten. So beschloß sie am 9. Juli 1824: „weitere Versuche zur Erzielung eines allgemeinen Münzverbands für einmal aufzugeben, und diesen Artikel aus Abschied und Traktanden fallen zu lassen!“ [5])

[1]) Offizielle Sammlung der das schweizerische Staatsrecht betreffenden Aktenstücke, Beschlüsse, Verordnungen, Concordate usw. Bd. I, Zürich 1820, S. 350.

[2]) Ebendort, S, 352.

[3]) Später zu 39,2 Batzen; cfr. loc. cit. Bd. II, Heft 1, 1822, S. 42.

[4]) Ebendort, Bd. I, 1820, S. 353.

[5]) Ebendort, Bd. II, S. 86.

Die gleiche Tagsatzung hatte aber neben einer Empfehlung, gegen die Falschmünzerei einzuschreiten,[1]) den hohen Ständen auch nahe gelegt, durch Münzkonkordate unter sich der Landplage zu steuern. So kam noch am Tage des Beschlusses ein Münzkonkordat zwischen sechzehn Ständen mit der Verpflichtung zustande, zwanzig Jahre keine Münzen unter 1 Schwzfr. auszuprägen.[2]) (Bereits 1828 fiel aber auch dieses Konkordat auseinander.)

Diese negative Maßregel nützte natürlich wenig. Daher entschlossen sich 1825 die sechs Kantone der Westschweiz: Bern, Freiburg, Waadt, Solothurn, Aargau und Basel, den sie betreffenden skalamäßigen Anteil an den helvetischen und außerdem eine halbe Million eigener Scheidemünzen einzuziehen. Der normale Bedarf wurde auf 5 Schwzfr. auf den Kopf der Bevölkerung festgesetzt. Der Überschuß wurde z. T. eingezogen, die im Umlauf bleibenden Kleinmünzen erhielten einen gemeinsamen Konkordatsstempel (bei 2 1/2 Mill. Schwzfr. angebracht).

Von großem Nutzen war natürlich auch dieses Konkordat nicht. Besonders verhaßt blieben — vor allem aus Gründen des Nationalgefühls — immer die helvetischen Scheidemünzen.

Ihrem Dasein, dem, wie erwähnt, schon seit 1819 der Untergang bestimmt war, machte man erst 1830 ein Ende.

Am 24. Juli 1828 faßte die Tagsatzung folgenden Beschluß:[3])

1. Die Zurückziehung und Liquidation der 5, 1 und 1/2 Batzen findet statt.

2. Der Vorort bestimmt für die Einziehung eine Zeitfrist.

3. Jeder Stand zieht in seinem Gebiet selbst ein und liefert an den Vorort ab.

4. Der Vorort läßt die Münzen vernichten.

5. Die Liquidation geht auf gemeinsame Rechnung. Der

[1]) Ebendort, Bd. II, S. 89.

[2]) Ebendort, Bd. II, 87/88. Nur Glarus, Graubünden, St. Gallen und Thurgau hielten sich hartnäckig fern, wie immer die östlichen Kantone.

[3]) Ebendort, Bd. II, 1828. S. 156—158.

Verlust wird unter die Kantone nach der Geldskala verteilt, jedoch nur unter die, die in der helvetischen Republik waren.

6. Nachher werden diese Münzen verrufen und außer Kurs gesetzt.

1829 erhielt der Vorort der Eidgenossenschaft mit Mehrheit der Standesstimmen den Auftrag, die Liquidation auszuführen.

Die Einlösung ging sehr rasch von statten. 1830 wurden die 5, 1 und 1/2 Batzen der Helvetik verrufen. Die Tagsatzung vom 19. Juli 1833 genehmigte die Schlußrechnung. Danach waren 464 758,50 Schwzfr. eingezogen, an deren Metallgehalt beim Verkauf ein Verlust von 135 988,05 Schwzfr. entstand. Dieser wurde von allen Kantonen der Helvetik (außerhalb standen Genf und Graubünden) mit Ausnahme von Appenzell-Innerrhoden,[1]) dessen Anteil die Gesamtheit übernahm, getragen.

Die Einziehung hatte sehr gründlich aufgeräumt, denn als 1852 alle alten Schweizermünzen eingezogen wurden, erschienen nur noch für 7 432,02 Schwzfr. verrufene helvetische Münzen. Damals wurden dann auch die helvetischen Gold- und Silber-Kurantmünzen eingezogen. Es war nur noch ein Posten von 135 072,00 Schwzfr. Nennwert vorhanden.

Die Schnelligkeit der Einziehung der helvetischen Scheidemünzen verdient, zumal bei der damaligen Verfassung der Eidgenossenschaft, Anerkennung. Die Beseitigung dieses Restes gemeinsamen Münzwesens war der erste praktische Schritt auf dem Wege zur endlichen Münzeinigung.

§ 2.

DIE EINIGUNGSVERSUCHE DER REGENERATIONSZEIT. 1830—1840.

Fast ein Menschenalter, nachdem zum erstenmale der Ruf nach politischer Freiheit und Einheit in der Schweiz erklungen war, schlugen die Wellen der Revolution wiederum von Westen

---

[1]) Ebendort, Bd. II, Nachtrag 1838. S. 570—572.

heranrollend über die Kämme des Jura. Wie am Ende des achtzehnten Jahrhunderts, so erstarkte auch jetzt wieder die liberale Volksbewegung in den Kantonen und machte sich in großen Demonstrationen Luft. Demokratische Verfassungen und eine Stärkung der Bundesgewalt waren das Ziel. In zwölf Kantonen wurden repräsentativ-demokratische Verfassungen eingeführt, sieben derselben schlossen sich am 17. März 1832 zu dem liberalen Siebenerkonkordat zusammen.

Die Tagsatzung ernannte, dem Drange der Zeit folgend, am 17. Juli 1832 eine Revisionskommission für die Verfassung. Bei dieser Verfassungsrevision wurde das Prinzip der Zentralisation des Münzwesens in die Entwürfe aufgenommen. Die Frage des Münzsystems jedoch wurde sehr verschieden beantwortet.

Die gen. Revisionskommission schlug in Art. 27 ihres Entwurfes[1]) ein Münzgesetz in Umrissen vor, das die Einführung des französischen Frankensystems und die Tarifierung der fremden Geldsorten bezweckte. Da dieser Vorschlag später öfter wiederholt wurde, geben wir hier seinen Inhalt in dem Umfang wieder, wie ihn die Züricher Münzkonferenz von 1839 festlegte.

Es waren folgende Bestimmungen:

Münzeinheit ist der Franken zu 5 gr Silber $^9/_{10}$ fein. Er teilt sich in 100 Centimes.

Es werden gemeinsame Münzstätten errichtet.

Ausgeprägt werden:

Goldmünzen zu 40, 20, 10 Fr.
Silbermünzen zu 5, 2, 1, $^1/_2$ Fr.
Billonmünzen zu 25, 10, 5 Cent.
Kupfermünzen zu 2, 1 Cent.

Die Gold- und Silbermünzen sollten genau entsprechend ihrem Nominalwert ausgebracht werden, also z. B. das Fünffrankenstück zu 25 gr Silber $^9/_{10}$ fein. Der relative Wert zwischen Gold und Silber wurde wie 15,5 : 1 festgesetzt — eine Bestimmung, „die ebensowenig in der Macht der Münzkonferenz lag, wie die Festsetzung des Wertverhältnisses zwischen Silber und Baumwolle“.[2])

[1]) Kaiser und Strickler, Bundesverfassungen, B. S. 227—230.
[2]) Speiser, Expertenbericht, Schwz. Bdbltt. 1849, III. Bd. S. 20.

Scheidemünzen dürfen nur in dem durch den täglichen Verkehr erheischten Umfang geprägt werden. Ihr innerer Wert wird durch Bundesgesetz bestimmt. Der Kurs der vorhandenen Kantonalscheidemünzen wird nach ihrem gegenseitigen Verhältnis festgesetzt.

Innerhalb 30 Jahren hat jeder Kanton seine Scheidemünzen auf seine Kosten einzuziehen und zu tilgen. Alsdann sind diese Münzen zu verrufen.

Die groben ausländischen und bisherigen schweizerischen Münzsorten werden nach ihrem Metallgehalt tarifiert.

Dieser Entwurf wollte also in der Schweiz das französische Frankensystem einführen und in dessen Wertung alle vorhandenen inländischen und die höheren ausländischen Münzsorten tarifieren. Diese alle wären dadurch in dem neuen Bunde schweizerisches Geld geworden, da sie ja Kassenkurs genossen hätten. Bedenkt man dazu, daß erst nach 30 Jahren in den Kleinmünzen Einheit herrschen sollte, so erkennt man, daß nach Einführung dieses Münzgesetzes die alte Verwirrung — nun auch noch gesetzlich sanktioniert — weitergeblüht hätte. Selbst zahlreiche neue Münzen zu prägen, war nicht beabsichtigt, man wollte vielmehr seinen Münzbedarf durch Schmarotzen an den nachbarlichen Münzbeständen decken. So hätte hienach infolge der Tarifierung bald wohl die Ost- und Nordschweiz nach Gulden und Talern, der Westen und Süden nach französischen Franken gerechnet, und die geringste Wechselkursschwankung hätte das ganze Tarifgebäude gestürzt. —

Der Verfassungsentwurf wurde von einer zweiten Kommission, die die Tagsatzung am 15. März 1833 nach dem Einlaufen der Standesinstruktionen eingesetzt hatte, umgearbeitet. In ihm war ein ganz anderes Münzgesetz[1]) enthalten.

Dasselbe (Art. 21) lautet (gekürzt) folgendermaßen:

Art. 21. Alle im Münzregale begriffenen Rechte übt der Bund nach folgenden Grundsätzen aus.

a) Es wird ein schweizerischer Münzfuß aufgestellt, dessen

---

[1]) Kaiser und Strickler, Bundesverfassungen, B. S. 227—230.

Einheit der Schweizerfranken ist. Der Schwzfr. teilt sich in 10 Batzen, der Batzen in 10 Rappen.

Der innere Gehalt des Schwzfr. ist zu 121 franz. Gran feinen Silbers festgesetzt.

b) Die Münzprägung durch die Kantone hört auf und geht einzig vom Bunde aus.

c) Die auszuprägenden Bundesmünzen sind:

1. Goldmünzen zu 28 Schwzfr.			
„ „ 14 „			
2. Grobe Silbermünzen	zu	4 Schwzfr.	
„ „	„	3 „	5 Batzen
„ „	„	2 „	
„ „	„	1 „	
3. Silberscheidemünzen	„	5 Batzen	
„ „	„	3 „	5 Rappen
4. Kupferscheidemünzen	„	1 Batzen	
„ „	„	5 Rappen	
„ „	„	2,5 „	
„ „	„	1 „	

d) Die auszuprägenden Goldmünzen sollen genau, entweder dem achtfachen oder dem vierfachen inneren Wert der $3^{1}/_{2}$ Frankenstücke gleichkommen und die groben Silbermünzen in ihrem inneren Gehalt die angenommene Münzeinheit so oft repräsentieren, als es ihr Nennwert bezeichnet.

e) Ein Bundesgesetz wird teils das Quantum der von Seite des Bundes auszuprägenden Silber- und Kupferscheidemünze im Verhältnis der Bevölkerung bestimmen, wobei die Bedürfnisse des täglichen Verkehrs nicht überschritten werden sollen, teils das Verhältnis des inneren Gehalts dieser Scheidemünzen zu ihrem Nennwert festsetzen.

f) Es sollen alle dermaligen schweizerischen Münzsorten unter dem Schweizerfranken eingelöst, außer Kurs gesetzt und an deren Statt neue Bundesmünzen ausgeprägt werden.

Nähere Ausführungen über Einlösung und Einschmelzung der Kantonalscheidemünzen. Dieselbe sollte innerhalb 10 Jahren auf Kosten der Kantone geschehen sein.

g) Für 10 Jahre haben die vorhandenen kantonalen Scheidemünzen in ihren Heimatskantonen noch Zwangskurs.

h) Für den Kurs der groben Münzsorten von ausländischem und schweizerischem Gepräge wird ein allgemein verbindlicher Tarif festgesetzt. Die Tarifierung geschieht nach dem Verhältnis ihres inneren Gehalts zu der schweizerischen Münzeinheit. Kein Kanton darf diesen Tarif abändern.

Dieses Münzgesetz war durch Annahme eines Antrages, den Zürich, gestützt auf ein Gutachten seines Münzdepartements, stellte, statt des oben wiedergegebenen eingesetzt.

Im allgemeinen war dieses System von dem vorigen nicht sehr verschieden. Abgesehen von der Verbesserung, daß die Einziehung der kantonalen Scheidemünzen schon nach 10 Jahren erfolgt sein sollte, war nur eine andere Werteinheit vorgesehen: Hier der Schweizerfranken, dort der französische.

Beide Werteinheiten waren in den Gesetzentwürfen nicht ausreichend definiert. Art 21 a) enthielt nur die münztechnische Vorschrift, der Schwzfr. sollte 121 grain feinen Silbers enthalten (= 6,4267 gr). Art. 21 h) gab den Schlüssel zu der einzig möglichen Definition, nämlich den rekurrenten Anschluß an die bisherigen Werteinheiten durch die Bestimmung „die Tarifierung geschieht nach . . . dem inneren Gehalt“: Die historische Definition der Werteinheit „Schweizerfranken“ richtete sich also rein nach dem Metallgehalt der Münzeinheiten. Die Entwürfe gaben nicht eine Definition der Werteinheit, sondern eine technische Bestimmung der Münzeinheit. Jene war nur implicite in den Gesetzen vorhanden.

Die Verschiedenheit der Entwürfe war die: Der erste wollte eine Zentralisation auf der Grundlage des französischen Frankensystems mit Tarifierung des fremden Geldes neben dem eigenen; der zweite wollte ein eigenes Schweizerfrankensystem schaffen, in dem alle benachbarten Münzsorten leicht unterzubringen waren, das selbst aber nur als Vermittler für die Umrechnung diente. Daher sollten bei dem zweiten System Münzen geprägt werden wie 28 Schwzfr. (= 40 französische Franken), 14 Schwzfr. (= 20 fr. Fr.), 4 Schwzfr. (= 1 Brabantertaler), $3^1/_2$ Schwzfr. (= 5 fr. Fr.), 7 Batzen

(= 1 fr. Fr.), die ein leichtes Umrechnen in die nachbarlichen Systeme ermöglichten. Bei diesem Entwurf war eine Zentralisation nicht beabsichtigt, bei dem ersten wäre sie nicht eingetreten, beide Male abgesehen von den Scheidemünzen.

Strenge Zentralisation des Münzwesens und Tarifierung auch nur eines fremden Geldstücks sind Dinge, die einander ausschließen. Stand der Guldenkurs in der Ostschweiz hoch, so floß der Gulden ab, und die Schweiz rechnete mit dem von Westen nachdrängenden französischen Franken. Stand dessen Kurs hoch, so verdrängte ihn der Gulden in der umgekehrten Richtung. So wäre ein dauerndes Hin und Her in der Schweiz gewesen. Die Agioteure und Geldwechsler hätten blühende Geschäfte gemacht, die Unsicherheit im Geldwesen wäre geblieben, und die Tarifierungen, von der Zentralisation ganz zu schweigen, standen nur auf dem Papier.

Hätte man bei dem ersten Entwurf die Tarifierungsbestimmung weggelassen, so wäre zwar eine Zentralisation nach dem französischen (sog. Centime-) Franken eingetreten; was aber die weitere Folge gewesen wäre, das zeigt die schweizerische Geldgeschichte seit 1852 bis heute: vollste Abhängigkeit von Frankreich.

Das zweite, sog. Schweizerfrankensystem, bezweckte überhaupt nur eine Vermittelung durch Tarifierung zweier Systeme (Gulden und Centimefrank) in einem dritten. Ließ man die Tarifierungsbestimmung weg, so blieb ein nationales System, unabhängig und frei von Nachbarsystemen übrig, das zwar einen ungeschickten Aufbau zeigte, aber doch ein gutes Grundprinzip hatte.

Die Tarifierung des fremden Geldes drückt beiden Entwürfen ihren Stempel auf. Durch sie wären alle tarifierten Münzen, d. h. also alle groben Silber- und Goldsorten der Nachbarländer, in der Schweiz „schweizerisches Geld“ geworden. In Bezug auf diese Geldsorten hätte also zwischen der Schweiz und den betreffenden Ländern einseitiger Synchartismus bestanden.

Näher auf die genetischen und funktionellen Beziehungen der entworfenen Münzsysteme einzugehen, kann unterbleiben: Die Verfassungsrevision fiel in der Abstimmung durch die Kantone unter den Tisch. Es war ein Glück für die Schweiz, daß keiner dieser Entwürfe ausgeführt wurde. —

Auf der einen Seite standen in dem nun folgenden Jahrzehnt der Kämpfe um die Münzreform die Anhänger der an das Centimefrankensystem angegliederten Zentralisation, auf der andern die Freunde des Vermittelungssystems des Schweizerfranken unter Tarifierung der fremden Münzen.

Gemeinsam war beiden Parteien die wie ein Evangelium und ohne jeden stichhaltigen Grund hochgehaltene Behauptung, die Schweiz könne infolge ihrer geographischen Lage kein eigenes Münzsystem schaffen und dürfe keine eigenen groben Münzen prägen. Gemeinsam war die Absicht, die Zahlungsmittel der Nachbarländer zu benutzen, gemeinsam die völlig metallistisch-pensatorische Auffassung vom Wesen des Geldes.

Die dreißiger und vierziger Jahre des vorigen Jahrhunderts sahen nun eine Menge Vorschläge und Entwürfe in Traktanden, Flugschriften, Zeitungen usw. entstehen. Von ihnen sind nur wenige zu Gesetzentwürfen herangereift. Nur diese sollen im folgenden besprochen, also nur das amtliche Material betrachtet werden.

Eine von der Tagsatzung 1834 eingesetzte Münzkommission empfahl in ihrer Mehrheit das Schweizerfrankensystem. Die Hinneigung der westlichen Kantone zum französischen Münzsysteme und die Abneigung der östlichen, dieses ihnen nach Wertung und Benennung fremde anzunehmen, sei, so sagte der Bericht der Kommission, der Grund für die Unausführbarkeit des Vorschlages.

Im November 1836 berief Bern, damals Vorort der Eidgenossenschaft, eine Münzexpertenkommission von 7 Mitgliedern. 3 Mitglieder erschienen und arbeiteten für jedes System einen Konkordatsentwurf aus.

„Als Ergänzung der vorjährigen Konferenz“ trat im August 1837 eine größere Kommission zusammen. Sie hinterließ ein ausführliches Gutachten, in dem sie als Hauptübel des Münzzustandes der Schweiz angab: Erstens den Überfluß an unterwertigen Kleinmünzen (Scheidegeld), der den hohen Kurs der groben Silbersorten hervorrufe; zweitens die zahlreichen verschiedenen, z. T. unrichtigen Wertungen in den Tarifen der Kantone; drittens die Menge der verschiedenen effektiven und ideellen Münzfüße. Auch in dieser Kommission traten wieder die beiden Gegensätze hervor. So blieb auch ihr nichts übrig, als mehrere Entwürfe abzuliefern. Die Mehrheit empfahl den Schweizerfranken, die Minderheit den Centimefranken, eine einzelne Stimme den Schweizerfranken mit anderem Münzfuß.

In diesen Jahren hat sich anscheinend die Erkenntnis von der völligen Unbrauchbarkeit des Tarifierungssystems des Schweizerfranken durchgerungen. Die folgenden Konferenzen arbeiteten vor allem die Übernahme des französischen Frankensystems aus.

So erklärten sich, anläßlich einer 1838 in Luzern stattfindenden Konferenz von Abgeordneten der Stände, bei einer Vorbesprechung 9 Stände,[1]) teilweise unter Vorbehalten, für die Einführung des französischen Münzsystems. Die Konferenz selbst arbeitete daher nur den Entwurf eines Münzkonkordats auf Grund des französischen Frankensystems aus. Fast alle Bestimmungen übernahm man aus dem französischen Münzgesetz vom 7. Germinal XI (28. März 1803), hängte daran aber noch die berüchtigte Tarifierungsbestimmung an.

Dieser traten in Luzern zum ersten Male einige Stimmen entgegen. Bern und Genf[2]) wollten die Tarifierung auf Sorten, die dem französichen Münzsystem angehörten, beschränken, Waadt wollte nur die bessern Schweizermünzen tarifiert sehen. Alle drei Stände hatten einen richtigen Gedanken, führten ihn aber nicht konsequent durch.

Die Konferenz unterbreitete der Tagsatzung ihre Protokolle mit der Bitte, baldigst eine Konferenz von Abgeordneten der den gewonnenen Grundlagen zustimmenden Stände einzuberufen. —

---

[1]) Genf, Waadt, Wallis, Freiburg, Bern, Solothurn, Basel, Aargau und Luzern, also alle westlichen Kantone. Von den östlichen war bes. Zürich für das Schweizerfrankensystem.

[2]) Genf führte in diesem Jahre bei sich das französische Münzsystem ein.

Die Luzerner Konferenz von 1837 bedeutete jedenfalls einen „erfreulichen Fortschritt geläuterter Ansichten im Münzwesen",[1]) denn allmählich schien auch die Erkenntnis von der Prinzipwidrigkeit einer Tarifierung verschiedener Sorten aufzudämmern.

Die von der Tagsatzung einberufene Konferenz wurde am 5. Febr. 1839 in Zürich eröffnet. Auf ihr waren zwar die Vertreter von 12 Ständen anwesend, aber es war wohl etwas Schönfärberei,[1]) wenn Jakob Speiser 1849 behauptete,[2]) auf der Züricher Konferenz konnte man „eilf Stände mit einer Bevölkerung von über 1 500 000 Seelen — also fast zwei Drittel der Schweiz — als dem französischen Münzsystem gewonnen betrachten".[3])

Die spätere Konferenz vom 23. Juli zeigt eine Abnahme der Anhänger des französischen Münzsystems. Ihr Schlußprotokoll bemerkt ausdrücklich, daß nur Waadt, Solothurn, Aargau und Luzern zu Weiterberatungen bereit waren. Der Entwurf dieser Konferenzen deckt sich mit dem oben wiedergegebenen vom Jahre 1832.

In der Züricher Konferenz beantragten Genf und Waadt, keine Goldmünzen auszuprägen. Das Münzwesen beruhe sonst auf zwei verschiedenen Metallen von veränderlichem Wert; dadurch sei es selbst nicht konstant. Dies war für die ganz metallistische Auffassung der damaligen Zeit ein durchaus richtiger Schluß. Der Irrtum lag in der Auffassung vom Wesen der Werteinheit. Als solche stellte man eine gewisse Gewichtsmenge Silber auf, während sich das Geld des Metalles doch nur als Träger der Werteinheit, als Vermittler der Zahlung bedient.

[1]) Nach dem Bericht der Minderheit der Ständeratskommission in Sachen der Münzreform, der mehr Glauben verdient, als der der Mehrheit. Schweiz. Bundesblatt 1849, Bd. III, S. 246 ff.

[2]) Speiser, Expertenbericht, Bdblt. 1849, Bd. III, S. 18.

[3]) Außer den obengenannten 9 Kantonen von 1837 wohnten Zürich, St. Gallen und Thurgau nur ad audiendum bei; Schwyz, Uri, Unterwalden, Zug, Schaffhausen, Glarus und Appenzell baten um Zusendung der Protokolle; Graubünden, Tessin und Neuenburg hatten gar nicht geantwortet. Nur von dem letzteren konnte man mit Sicherheit Zustimmung erwarten. Es scheint sich also in Zürich eher eine Trennung in Ost und West gezeigt zu haben, bei der der Westen in der Minderzahl der Kantone war, als eine einige Zweidrittelmehrheit.

Der Fehler lag nicht in der Benutzung zweier Metalle an sich, sondern in der freien Ausprägbarkeit derselben. Daß Gold- und Silbergeld „bar“ sein sollten, das barg die Gefahr in sich, denn jedes Steigen oder Fallen des Marktpreises für das eine oder andere Metall mußte einen Abfluß, bezw. ein Zuströmen der Münzen herbeiführen.

Stieg der Goldpreis, so entzog man Goldmünzen dem Verkehr, schmolz sie ein und verkaufte das gewonnene Gold als Barrengold mit Vorteil. Fiel der Goldpreis, so trug man Barrengold in die Münzstätten, die es für einen festen Preis in unbegrenzter Menge annehmen mußten, und das Goldgeld drang stärker in den Verkehr ein. Das Gleiche war bei dem Metall Silber und den Silbermünzen der Fall.

Der Fehler lag also an der Barverfassung (Freiprägung) des Gold- und Silbergeldes. Jede Schwankung der Edelmetallpreise mußte das Münzsystem in seinen Grundfesten erschüttern. Man hätte zwar für Gold und Silber eine feste untere Preisgrenze durch die Freiprägung geschaffen, aber wer hatte die Macht, das Preisverhältnis von Gold zu Silber festzulegen? Der Staat oder das Münzkonkordat sicher nicht.

Die übrigen Änderungen des Züricher Entwurfes gegenüber dem von 1832 übergehen wir. Auch kam man über dieses Stadium nicht hinaus.

1840 beschloß die Tagsatzung, die Münzreform fallen zu lassen. Die politischen Ereignisse der vierziger Jahre hinderten eine friedliche Vereinigung in Konkordaten u. ähnl. und brachen die heftigen Kämpfe um die Münzreform ab. —

Aus der ganzen Zeit der Einigungsbestrebungen und Reformversuche in der ersten Hälfte des neunzehnten Jahrhunderts blieb eine Klärung der Ansichten über Münzwesen zurück, die sich allerdings äußerlich in einer Verschärfung der Gegensätze zeigte. Diese selbst beruhten auf Verschiedenheiten teils wirtschaftlicher, teils nationaler, weniger auf solchen sachlicher Natur. Die politische Opposition gegen eine Zentralisation des Münzwesens war aber im Laufe der Regenerationszeit verschwunden. Das ist der Hauptérfolg dieser Periode.

II. Abschnitt.

DAS SCHWEIZERISCHE GELDSYSTEM VOM JAHRE 1850.

§ 3.

DIE ENTSTEHUNG DES MÜNZGESETZES VOM 7. MAI 1850.

Während die Zeit von 1815 bis 1830 dem allgemeinen Bedürfnis nach Ruhe folgend in der Schweiz eine Periode des Zusammenwirkens der kantonalen Regierungen mit der Tagsatzung der Eidgenossenschaft aufweist, erfüllen das vierte und fünfte Jahrzehnt des neunzehnten Jahrhunderts die heftigsten inneren Kämpfe.

Die Verfassungsentwürfe der dreißiger Jahre, die, getragen von den radikal-demokratischen Regierungen, einen neuen Bundesstaat ins Leben rufen sollten, waren am Widerstand der konservativen Kantone gescheitert. In diesen blieb das klerikal-aristokratische Regiment am Ruder. Dem Siebenerkonkordat der liberalen Kantone stellten die Konservativen den Sarnerbund entgegen.

Beide Bündnisse lösten sich in der Folgezeit auf; Ende der dreißiger Jahre schien die Spannung nachzulassen. Der innere Gegensatz, konservativ-klerikal und einer politischen Einigung abgeneigt auf der einen, demokratisch-liberal auf der andern Seite, blieb aber bestehen.

Auf dem Gebiet der Einigungsbestrebungen hatte die liberale Hochflut der dreißiger Jahre in vieler Beziehung größere Klarheit geschaffen. Über einzelne Teile des Verfassungsentwurfs von 1833 war man allmählich ziemlich einig geworden. Umstritten war einerseits die formelle Frage der Durchberatung in der Tagsatzung oder einer Kommission und der Abstimmung nach Kantonen oder durch das ganze Schweizervolk, anderseits gingen die Meinungen über die dem Zentralstaate abzutretenden Kompetenzen weit auseinander. Man wollte zwar aus dem losen Staatenbund herauskommen, fürchtete aber auch, eine zweite helvetische Republik als Einheitsstaat zu schaffen.

Auf dem Gebiete des Münzwesens fehlte nur die Einigung über das System; über die Notwendigkeit der Zentralisation war man sich im klaren, aber die Unsicherheit der politischen Lage im Anfang der vierziger Jahre hinderte einen Abschluß.

Es war die schwüle Zeit vor dem Ausbruch der 1848er Revolutionen. Metternichs Politik herrschte allerorts, und man geht wohl nicht fehl, wenn man auf der klerikal-konservativen Seite in der Schweiz auch seine Hand vermutet. Es herrschte eine Hochspannung, die der geringste Anstoß zur Entladung bringen konnte.

Der Aargauer Klosterstreit (1841—43), die Berufung der Jesuiten nach Luzern (1844) und die Gründung des klerikal geleiteten Sonderbunds (Dez. 1845) verschärften die Gegensätze in der Schweiz so, daß nur eine kriegerische Lösung Ruhe schaffen konnte. Als die liberalen Kantone stark genug waren, gingen sie gegen den Sonderbund[1]) und die Jesuitenherrschaft vor. Trotz der Einmischung auswärtiger Mächte beschloß man, denselben mit Waffengewalt zu vernichten.

Ende 1847 wurden die Sonderbündler geschlagen, die Jesuiten vertrieben und gemäßigte Regierungen in ihren Kantonen eingesetzt. Damit war der Widerstand gegen eine Verfassungsrevision endgültig gebrochen.

Trotz einer Einspruchsnote der kontinentalen Großmächte, die die Aufrechterhaltung des Zustandes von 1815 verlangten, d. h. also des alten Bundes, ging man unverzüglich an die Ausarbeitung einer Verfassung. Man nahm sich die der nordamerikanischen Union zum Muster, das Volk genehmigte sie mit über ²/₃ Mehrheit gegen die Stimmen der Sonderbundskantone, und am 12. Sept. 1848 konnte die Tagsatzung feierlich

[1]) Die Kantone Schwyz, Uri, Unterwalden, Zug, Luzern, Freiburg, Wallis.

die Gründung eines Bundesstaats „Schweizerische Eidgenossenschaft“ verkündigen. Damit war nach $5^1/_2$ Jahrhunderten endlich die Kantonalsouveränetät dem Einheitsgedanken zum Opfer gefallen.

Die staatsrechtlichen Grundzüge der neuen Verfassung sind folgende: An die Stelle der bisher von Ehrengesandten der Kantone gebildeten Tagsatzungen trat die Bundesversammlung. Dieselbe zerfällt in den Nationalrat, die Vertretung des Schweizervolks und den Ständerat, die Vertreter der Kantone. Man war also zum Zweikammersystem übergegangen. An Stelle der drei wechselnden Vororte Luzern, Zürich, Bern trat der aus sieben Mitgliedern bestehende Bundesrat. Derselbe wird von der Bundesversammlung gewählt.

Der Bund hat die gesamte völkerrechtliche Vertretung der Schweiz; die Kantone dürfen weder mit dem Ausland noch unter sich politische Verträge abschließen. Er erhielt folgende Kompetenzen: Die Verwaltung des Zoll-, Straßen-, Brücken- und Militärwesens; die Schlichtung von Streitigkeiten zwischen den Kantonen; das Salz- und Pulvermonopol und das Post- und Münzregal.

Man hatte also ein nach außen selbständiges Staatswesen geschaffen, dem im Innern eine Oberstaatsgewalt über die Kantone zustand.

Daß nach den Münzkämpfen des verflossenen halben Jahrhunderts das Münzregal anstandslos an den Bund abgetreten wurde, war selbstverständlich. In jenen Tagen herrschte eben in den führenden politischen Kreisen eine begeisterte, hoffnungsfrohe Hingabe an die Idee der Schaffung einer unabhängigen schweizerischen Nation.

Art. 36 der Bundesverfassung lautete:

„Dem Bunde steht die Ausübung der im Münzregale begriffenen Rechte zu.

Die Münzprägung durch die Kantone hört auf und geht einzig vom Bunde aus.

Es ist Sache der Bundesgesetzgebung, den Münzfuß festzusetzen, die vorhandenen Münzsorten zu tarifieren und die näheren Bestimmungen zu treffen, nach welchen die Kantone verpflichtet sind, von den von ihnen geprägten Münzen einschmelzen oder umprägen zu lassen."

Die Aufnahme dieses Artikels machte keine besonderen Schwierigkeiten. Bei der Verhandlung in der Tagsatzung wurde von Tessin beantragt, „den schweizerischen Münzfuß auf die Basis des französischen Dezimalsystems festzustellen", und nach Ablehnung dieses Antrages von Genf vorgeschlagen, der neuen Münze wenigstens das Dezimalsystem zugrunde zu legen. Auch diese Präzisierung wurde jedoch abgelehnt.[1]) Im Interesse des Zustandekommens der Verfassung lag es zweifellos auch, den Entscheidungskampf über das System des neuen Münzwesens zu verschieben.

Erwähnung verdient auch ein von den östlichen Kantonen unterstützter Antrag Zürichs, den dritten Absatz des Art. 36 zu streichen, „da es der eigentümlichen Lage der Schweiz zusagen könnte, zwei Systeme anzunehmen für den Osten und den Westen."[2]) Es wurde also auch die Idee einer münzgebietlichen Trennung nach Nationalitäten erwogen, ein Gedanke, der manches verführerische an sich hat, der Einheitsidee aber Hohn sprach. —

Bevor wir auf die Ausführung des Münzartikels und die Wahl des Münzsystems näher eingehen, dürfte ein Blick auf die damalige wirtschaftliche Lage der Schweiz von Wert sein.

In den dreißiger und vierziger Jahren des vorigen Jahrhunderts begann der wirtschaftliche Aufschwung, der der Schweiz in der Folgezeit zu so hoher Blüte verholfen hat. In den zwanziger Jahren waren die großen Alpenübergänge eröffnet, die Dampfschiffahrt auf den größeren Seen fing um das Jahr 1830 an, zahlreiche große Straßen zwischen den Kantonen wurden gebaut, und das Freihandelssystem der Eidgenossenschaft rief einen lebhaften Handel hervor.[3])

---

[1]) s. Bericht der Minderheit der ständerätlichen Kommission v. 1849, im Bdbltt. 1849, Bd. III, S. 247 ff. sowie bei Speiser loc. cit. S. 24.

[2]) Speiser, Bdbltt. 1849, Bd. III, S. 26 ff.

[3]) Der Bau der Eisenbahnen begann 1847 (Zürich—Baden), lebhafter erst nach 1850.

Der Natur des Landes entsprechend, das auf der Nord- und Ostseite unverhältnismäßig viel mehr Verkehrsstraßen bietet, als auf der West- und Südseite, war der Handel der Schweiz mit den deutschen Ländern, dem Zollverein und Österreich, bedeutend größer als der mit Frankreich und Piemont.

Einige Zahlen aus dem Jahre 1840[1]) mögen dies beweisen.

Es betrug

der Gesamtwarenverkehr über die Westgrenze	160,75	Mill. fr. Fr.
" " " " " " Nord- und Ostgrenze	268,75	" " "
der Handel in französischen[2]) Waren	56,00	" " "
" " " deutschen[3]) "	ca. 200,00	" " "
die jährliche Gesamtausfuhr	173,50	" " "
" " " einfuhr	266,00	" " "
" " Mehreinfuhr üb. d. Westgrenze	20,75	" " "
" " " " " " deutsche Grenze	61,75	" " "

Aus diesen Zahlen geht deutlich hervor, daß die Schweiz damals ein Einfuhrland war und besonders stark mit den deutschen Ländern, in denen nach Gulden und Talern gerechnet wurde, Handel trieb.

Bemerkt sei noch, daß der Geldverkehr über die Westgrenze dem über die Nord- und Ostgrenze fast gleich war, jedoch dürften die Zahlen hierüber wenig glaubwürdig sein.

Aus Waren- und Geldverkehr ergibt sich unzweifelhaft die Tatsache, daß die Schweiz viel mehr Interessen nach Deutschland und Österreich hatte, als nach Frankreich. Allerdings ging über Frankreich der Verkehr mit den überseeischen Ländern (England und Amerika), dessen Zahlungen wohl hauptsächlich in Paris mit französischem Gelde fällig waren. —

Schon die erste Bundesversammlung ging an die Ausführung

[1]) Die Zahlen aus Gonzenbach, Tabellen, abgedruckt im Minderheitsbericht der ständerätlichen Münzkommission von 1849; Bdbltt. 1849, Bd. III, S. 270 ff. Für später bestehen keine Zahlen. Ueber Piemonts Verkehr mit der Schweiz bestehen keine sicheren Nachweise. Derselbe war sehr gering.

[2]) Waren aus und für Frankreich.

[3]) Waren aus und für den Zollverein und Österreich.

der Münzgesetzgebung, die ihr durch Art. 36 Abs. 3 übertragen war. Die Umsicht und Gründlichkeit, mit der man dabei zu Werke ging, verdient vollste Anerkennung; die Fehler in der Wahl des Systems lagen in der falschen Grundanschauung vom Geldwesen.

Bereits am 21. Februar 1849 befaßte sich der Bundesrat mit der Münzreform[1]) und lud die Kantone ein, möglichst genaues Material über ihre Münzverhältnisse baldigst einzusenden.[2])

Inzwischen hatte auch die Bundesversammlung am 29./30. Juni 1849 vom Bundesrat bis zur nächsten Session die Vorlage von Anträgen „über Einführung eines allgemeinen schweizerischen Münzfußes" verlangt.[3])

Ohne das Einlaufen allen Materials abzuwarten, beschloß der Bundesrat, einen Sachverständigen um ein Gutachten zur Reform zu bitten. In dem damaligen Direktor der Bank in Basel, Jakob Speiser, wurde ein solcher gefunden und am 14. August zum eidgenössischen Experten in Münzsachen ernannt. Der Bundesrat erklärte später ausdrücklich, er habe sich schon für die Annahme des französischen Frankensystems entschieden gehabt und hätte daher in J. Speiser einen diesem ergebenen Fachmann gewählt, um dasselbe zu befürworten.

Dieses Vorgehen des Bundesrates war ein sehr einseitiges. Es war noch durchaus nicht abzusehen, welches System angenommen werden würde. Zum wenigsten hätte auch ein Gutachten von einem Anhänger des Schweizerfrankensystems eingeholt werden müssen.

Jakob Speiser, der in seinen Anschauungen über Geldwesen seinen Zeitgenossen weit voraus war, gab in seinem Expertenbericht eine, freilich einseitige, aber umfassende Begründung der Vorzüge des französischen Frankensystems. Das Dezimalsystem des französischen Münzwesens, die weite Verbreitung des Fünffrankenstückes, die Klarheit des Aufbaues, seine Beliebtheit in der Westschweiz usw. stellte er dem sechzig-

---

[1]) Bdbltt. 1849, III, S. 169.

[2]) Am 5. Juli und 17. August mußten diese Einladungen wiederholt werden.

[3]) Bdbltt. 1849, II, S. 501.

teiligen Guldenfuß und seiner geringen Verbreitung gegenüber. Besonders eingehend und reich mit statistischem Material versehen war die Behandlung der Ausführung der Münzreform. Es scheint fast, als habe Speiser hierauf den Hauptwert gelegt. Die Haltung des Bundesrats konnte ihn dazu nur ermutigen.

Am Schlusse schlug Speiser zwei Gesetzentwürfe vor, den einen für ein Münzgesetz, den andern für ein Ausführungsgesetz der Münzreform.

Am 6. Oktober überreichte er sein Gutachten dem Bundesrat, der es im Schweizerischen Bundesblatt[1]) veröffentlichen ließ und vom 8.—10. November durchberiet. Er änderte nur einige formelle Unstimmigkeiten der beiden[2]) Entwürfe.

Am 17. November übergab er seinen „Bericht über die Einführung der schweizerischen Münzreform"[3]) der Bundesversammlung. Demselben beigefügt waren: Ein Gesetzesvorschlag über das eidgenössische Münzwesen, über die Ausführung der schweizerischen Münzreform, zu einem Einlösungstarife der umlaufenden Münzen und eine Berechnung der Verlustbetreffnisse der Kantone bei der Münzeinschmelzung.

Der Gesetzesvorschlag über das Münzwesen war im wesentlichen eine Erneuerung des Vorschlages von 1832, bezw. des Entwurfes der Züricher Konferenz von 1839 (s. § 2), jedoch mit einigen wichtigen Änderungen.

Ausgehend von den wiedergegebenen Erwägungen (s. § 2) war von einer Ausprägung von Gold zu Münzen abgesehen. Die Zahl der Kupfersorten war vermehrt, die der Billonsorten auf das 25 Centimesstück beschränkt.

Auf die Mischungs-, Gewichts-, usw. Bestimmungen einzugehen, unterlassen wir. Der Franken sollte wieder zu 5 gr $^9/_{10}$ fein aus Silber geprägt werden.

---

[1]) Bdbltt. 1849. III. Bd., S. 1 ff. Nr. 54—57 vom 17., 20., 25. Oktober und 2. November 1849.

[2]) Da die Ausführungsbestimmungen weiter unten zur Sprache kommen sollen, behandeln wir hier nur die Schicksale des Münzgesetzes selbst.

[3]) Bdbltt. 1849, III, S. 169 und Beilage hinter S. 65.

Die Tarifierungsbestimmung des 1832er Entwurfes wurde auf die dem Gehalt und dem System des französischen Franken gleichen Münzsorten beschränkt (Art. 8).

Ferner wurde für die Billon- und Kupfersorten eine kritische Höhe für die Annahme und für die Einlösung in Silbermünzen gegeben. Damit war zum ersten Male ein ausgebildetes Scheidegeld geschaffen.

Das Silbergeld, als notales Kurantgeld, sollte valutarisch behandelt werden. J. Speiser und der Bundesrat schlugen also die Einführung einer notalen Silberwährung unter Tarifierung der fremden Münzen gleichen Systems vor. Da man die französischen Münzen für seinen Verkehr benutzen wollte, ohne selbst viele zu prägen, so war ein einseitiger Synchartismus mit Frankreich beabsichtigt.

Der rekurrente Anschluß der Werteinheit „Franken" an die vorhandenen wurde durch die Bestimmungen des Einlösungstarifs gegeben.

Der Gesetzentwurf kam zuerst an den Ständerat, der ihn einer Kommission von 7 Mitgliedern überwies. Die Mehrheit derselben sprach sich in ihrem am 8. Dezember 1849 erstatteten Bericht[1]) für Annahme des französischen Münzsystems aus. Die Minderheit schlug in ihrem Bericht[2]) vom 12. Dezember ein Schweizerfrankensystem vor, bei dem auf eine kölnische Mark feinen Silbers 36¾ Schweizerfranken kommen sollten. Der Schweizerfranken sollte 6,3634 gr feinen Silbers enthalten, und die benachbarten Münzsorten sollten in ihm tarifiert werden.

Der Ständerat sprach sich am 14. Dezember mit 30 gegen 9 Stimmen für das französische Münzsystem aus. Dabei wurde gemäß den Anträgen der Kommissionsmehrheit[3]) die Billonsorte vermehrt, die kritische Höhe des Scheidegeldes hinaufgesetzt und eine Festlegung der Neuprägungsfrist gestrichen. Ferner wurde mit Rücksicht auf die starke Arbeiterschaft Zürichs eine

---

[1]) Bdbltt. 1849, III. S. 219.

[2]) Bdbltt. 1849, III, S. 245.

[3]) Bdbltt. Bd. 1849, III, S. 232 und 238.

Lohnzahlungsklausel eingefügt, nach der Löhne nur in gesetzlichen Münzsorten ausbezahlt werden durften.

Der Nationalrat befaßte sich am 23. November mit der Vorlage und beauftragte eine Neunerkommission mit ihrer Prüfung. Da er sich am 22. Dezember vertagte, begann die Kommission ihre Arbeit erst im Jahre 1850.[1])

Die Zwischenzeit sah eine große Anzahl von Flug- und Streitschriften über die Münzreform entstehen. Scharf standen sich die Ansichten gegenüber: Hie Zentralisation und Einheit, hie Tarifierung und Vielheit. Man rüstete sich auf den Entscheidungskampf im Nationalrat.

Die Neunerkommission spaltete sich wieder in zwei Teile. Der eine empfahl in seinem Bericht[2]) den Centimefrank, der andere in dem seinen[3]) den Schweizerfranken.

Die Anhänger des Vermittlungssystems des Schweizerfranken machten für sich folgendes geltend:

Der Guldenfuß Deutschlands sei leichter als der Frankenfuß; das leichtere Geld verdränge das schwerere; daher sei der Gulden von längerer Dauer. Das Geld sei in seinem Kurs nicht nur abhängig von seinem Metallwert, sondern auch von seiner Herkunft, es sei eine Ware. Werfe man sich nun der Frankenfamilie in die Arme, so sei man ganz vom Kurs des Fünffrankentalers abhängig; hingegen habe man bei dem Schweizerfrankensystem mit Tarifierung die Wahl, das billigste Geld zu Zahlungen zu benutzen. Auch die große Verbreitung der Frankenwährung hindere nicht, daß der Franken bisweilen ein Agio erhalte.

---

[1]) Um sich ein Urteil über die Folgen der Einführung des französischen Münzsystems zu bilden, forderte der Bundesrat am 23. Jan. 1850 den eidgenössischen Konsul in Brüssel, F. Borel, auf, eine Denkschrift über die Erfahrungen Belgiens, das 1830 den französischen Münzfuß bei sich eingeführt hatte, abzufassen. Diese lief am 10. Febr. in Bern ein (Bdbltt. 1850, I. S. 153). Borel empfahl die Einführung des französischen Systems dringend, da Belgien damit sehr gute Erfahrungen gemacht habe. Auf weiteres Material zu der Reformfrage gehen wir absichtlich nicht ein. Es war stets derselbe Gegensatz.

[2]) Bdbltt. 1850, I, hinter S. 310 die Beilage.

[3]) Bdbltt. 1850, I, Beilage hinter S. 367.

Ferner wies man — und sehr mit Recht — daraufhin, daß der Handel, der Geld- und Barschaftsverkehr mit den deutschen Ländern viel größer sei, als mit den welschen. Daher erspare man bei Annahme des Schweizerfrankensystems die sonst unvermeidlichen Wertstörungen.

Soweit hatte die Minderheit durchaus Recht. Falsch waren aber die Behauptungen, das Frankensystem sei nicht einheitlich, es führe leichter hohe Kurse herbei, die Ostschweiz könne den Gulden nicht entbehren und die Reformkosten seien unerschwinglich hoch.

Was die Folgen der Annahme dieses Schweizerfrankensystems gewesen wären, ist schon im vorigen Paragraphen dargelegt: Eine Sanktionierung des bisherigen Verwirrungszustandes.

Dem gegenüber begründeten die Anhänger des französischen Frankensystems ihren Vorschlag mit folgenden Tatsachen: Zentralisation und vollste Einheit des Systems, Klarheit des Aufbaues, weite Verbreitung und Kenntnis auch in der Schweiz, Größe des Barvorrats, Sicherheit des Bestandes und Erleichterung des internationalen (intervalutarischen) Verkehrs.

Falsch war aber die Behauptung, Kursschwankungen gegen Frankreich könnten nicht mehr entstehen, und, da der französiche Franken im Begriffe sei, Allerweltsmünze zu werden, fielen die Wechselkurse überhaupt fort!

Die Folgen dieses Systems mußten sein und sind es auch geworden: Vollste Abhängigkeit von Frankreich.

Beide Vorschläge stellten wiederholt ohne jede Begründung die Behauptung auf, die Schweiz könne keine groben Münzsorten prägen und kein eigenes nationales Münzwesen schaffen. So wurde der einfachste Vorschlag, ein eigenes Münzsystem mit eigener Werteinheit unter Ausschluß jeder Tarifierung einzuführen, gar nicht gemacht. Der Grund dazu ist jedenfalls in dem Mangel an Zusammengehörigkeitsgefühl bei den vier nach Sprache, Abstammung und Handelsbeziehungen so verschiedenen Teilen der Schweiz zu suchen. Der neue Bundesstaat mußte die 22 Kantone erst einander näher bringen, ein spezifisch schweizerisches Nationalgefühl erst erwecken.

Zu diesen kulturellen kommt, vielleicht als entscheidend, das politische Moment. Das Schweizerfrankensystem lief, trotz der Tarifierung aller nachbarlichen Systeme, doch auf eine Verbreitung des deutschen Guldens in der Schweiz hinaus. So standen sich in der Wahl Gulden und Franken, Deutschland und Frankreich gegenüber.

Dort der schwache und in vieler Beziehung rückständige Deutsche Bund, hier das starke, zentralisierte Frankreich. Über dem Rhein die reaktionären deutschen Fürstentümer, jenseits des Jura die Schwesterrepublik Frankreich, die soeben wieder die tonangebende Macht Europas zu werden sich anschickte.

Konnte da die Entscheidung schwer fallen? — Der Nationalrat sprach sich für das französische Frankensystem aus. So war eine Entscheidung gefallen, deren Tragweite von den damaligen Nationalräten kaum jemand geahnt hat, unter deren Folgen die Schweiz seit Jahrzehnten zu leiden hat.

Den Anträgen der Neunerkommission entsprechend, beschloß der Nationalrat noch die Aufstellung von Reduktionstabellen und die Zulassung von fremden Geldsorten auf Beschluß des Bundesrats, sobald der Wechselkurs auf Paris das Silberpari mehr als $^1/_2$% übersteige.

Nach kleineren Änderungen wurde das Bundesgesetz über das eidgenössische Münzwesen alsdann am 7. Mai 1850 angenommen und im Bundesblatt 1850 Nr. 23 (II. Bd.) in folgender Fassung veröffentlicht:

Die Bundesversammlung der schweizerischen Eidgenossenschaft in Ausführung des Art. 36 der Bundesverfassung beschließt:

Art. 1. Fünf Grammen Silber, neun Zehnteile fein ($^9/_{10}$), machen die schweizerische Münzeinheit aus, unter dem Namen Franken.

Art. 2. Der Franken teilt sich in hundert (100) Rappen (Centimes).

Art. 3. Die Schweizerischen Münzsorten sind:

a) in Silber:

Das Fünffrankenstück,

das Zweifrankenstück,
das Einfrankenstück,
das Halbfrankenstück (50 Rappen);

b) in Billon:
Das Zwanzigrappenstück,
das Zehnrappenstück,
das Fünfrappenstück;

c) in Kupfer:
Das Zweirappenstück,
das Rappenstück.

Art. 4. Die Silbersorten enthalten den Feingehalt der Münzeinheit und so viel Mal das Gewicht derselben, als ihr Nennwert es ausspricht.

Das Zwanzigrappenstück wird ausgeprägt im Gewicht von $3\,^1/_4$ Grammen und enthält $^{150}/_{1000}$ fein Silber.

Das Zehnrappenstück wiegt $2\,^1/_2$ Gramm und enthält $^{100}/_{1000}$ fein Silber.

Das Fünfrappenstück wiegt $1\,^2/_3$ Gramm und enthält $^{50}/_{1000}$ fein Silber.

Der Zusatz der Billonsorten soll in Kupfer, Zink und Nickel bestehen

Die Kupfersorten sollen aus Kupfer mit Zusatz von Zinn bestehen.

Das Zweirappenstück wiegt $2\,^1/_2$ Gramm. Das Einrappenstück wiegt $1\,^1/_2$ Gramm.

Art. 5. Die erlaubte Fehlergrenze im Feingehalte der schweizerischen Münzen ist festgesetzt: für die sämtlichen Silbermünzen auf zwei Tausendteile ($^2/_{1000}$) nach Innen und nach Außen, d. h. an Minder- oder Mehrgehalt.

Für die Billonmünzen auf sieben Tausendteile ($^7/_{1000}$) nach Innen und nach Außen.

Vorkommende Abweichungen nach Innen sollen stets durch entsprechende Abweichungen nach Außen wieder ausgeglichen werden.

Art.6. Die erlaubte Fehlergrenze im Gewicht nach Innen und nach Außen, d. h. an Minder- oder Mehrgewicht ist festgesetzt:

a) Bei den Silbersorten:
Für das Fünffrankenstück auf drei Tausendteile (3/1000),
für das Zweifrankenstück auf fünf Tausendteile (5/1000),
für das Einfrankenstück auf fünf Tausendteile (5/1000),
für das Halbfrankenstück auf sieben Tausendteile (7/1000);
b) bei den Billonsorten:
Für das Zwanzigrappenstück auf zwölf Tausendteile (12/1000),
für das Zehnrappenstück auf fünfzehn Tausendteile (15/1000),
für das Fünfrappenstück auf achtzehn Tausendteile (18/1000);
c) bei den Kupfersorten:
Für das Ein- und Zweirappenstück auf fünfzehn Tausendteile (15/1000).

Bei den Silber- und Billonsorten ist die Abweichung nur auf dem einzelnen Stück gestattet; bei den Kupfersorten gilt dieselbe für je zehn Franken an Nennwert oder tausend Gramm an Gewicht.

Alle Abweichungen nach Innen sollen durch entsprechende Abweichungen nach Außen wieder gut gemacht werden.

Art. 7. Der Durchmesser der Silbersorten soll mit demjenigen der entsprechenden französischen Sorten übereinstimmen.

Art. 8. Niemand ist gehalten, andere Münzen anzunehmen, mit Ausnahme solcher Silbersorten, die in genauer Übereinstimmung mit dem durch das gegenwärtige Gesetz aufgestellten Münzsystem geprägt, und, nach vorheriger Untersuchung, von dem Bundesrate als diesen Bedingungen entsprechende Zahlungsmittel anerkannt sind.

Bezüglich der Geldverträge, die vor Inkrafttretung dieses Gesetzes abgeschlossen worden, sollen die Kantone noch im Laufe des Jahres 1850 den Reduktionsfuß für die Umwandlung, teils der in jenen Verträgen enthaltenen Währungen, teils der in denselben ausschließlich einbedungenen, in Folge dieses Gesetzes eingeschmolzenen Münzsorten, in die neue Währung unter Genehmigung des Bundesrates feststellen und die Anfertigung von angemessenen Reduktionstabellen anordnen.

Verträge, die nach Inkrafttretung dieses Gesetzes in bestimmten fremden Münzsorten oder Währungen abgeschlossen worden, sind ihrem Wortlaute nach zu halten. Jedoch dürfen Lohnverträge nur auf den gesetzlichen Münzfuß abgeschlossen und Löhnungen nur in gesetzlichen Münzsorten ausbezahlt werden.

Art. 9. Den öffentlichen Kassen der Eidgenossenschaft ist es untersagt, andere als gesetzliche Münzsorten an Zahlung zu nehmen. Nur in außerordentlichen Zeiten, wo in Folge eines hohen Wechselkurses, Mangel an gesetzlichen Münzen eintreten könnte, sollen diese Kassen ermächtigt sein, andere Münzsorten anzunehmen. Zu dem Ende hat der Bundesrat, sobald und für solange als der dem französischen Münzfuß entsprechende Wechselkurs ein halb Prozent und mehr über dem Silberpari steht, für die in anderer als der gesetzlichen Währung geprägten Münzsorten einen ihrem Gehalt entsprechenden Tarif aufzustellen, wonach sie bei den öffentlichen Kassen der Eidgenossenschaft anzunehmen sind.

Art. 10. Es soll niemand gehalten sein, mehr als zwanzig Franken an Wert in Silbersorten unter dem Einfrankenstück, mehr als zwanzig Franken an Wert in Billonsorten und mehr als zwei Franken an Wert in Kupfermünzen als Zahlung anzunehmen, welches auch der Betrag der Zahlung sein mag.

Art. 11. Der Bundesrat bezeichnet in jedem Kantone diejenigen Kassen, denen die Verpflichtung obliegt, jeweilen schweizerische Billon- und Kupfermünzen einzuwechseln, jedoch nicht in Beträgen unter fünfzig Franken.

Art. 12. Die Bundesversammlung setzt jeweilen die Summen und die Sorten der stattzufindenden Ausprägungen fest.

Art. 13. Die abgenutzten Schweizermünzstücke sollen eingezogen, eingeschmolzen und durch neue ersetzt werden. Die daherigen Kosten sind jeweilen in das Ausgabenbudget aufzunehmen.

Der rekurrente Anschluß der neuen Werteinheit „Franken" wurde im zweiten Absatz des dem Gesetze über die Ausführung der Münzreform angefügten Einlösungstarifs gegeben. Es heißt dort:

„Der Franken zu 71 Rappen alter Währung",

d. h. zu 71 Rappen des alten Schweizerfrankens von 1819 (s. d. § 2). Dies ist die einzige Definition der neuen Werteinheit, die für den Verkehr innerhalb der Schweiz Wert hat.

Der Einlösungstarif lautete auf Schweizerfranken, da dies seit 1819 die offizielle Werteinheit für Zahlungen der Kantone an den Bund war. Jedoch mußte er, da er natürlich fast unbrauchbar war, am 26. März 1851[1]) in einen Tarif unter Anwendung des neuen Münzsystems umgerechnet werden.

Wir geben hier einige (etwa 1/4) Ansätze des endgültigen Tarifs wieder:

Münze	Stück	Fr.	Rp.
a) Goldmünzen:			
Dublonen von Bern	1	22	80
Dukaten „ „	„	11	40
Zehnfrankenstück von Luzern	„	14	25
„ „ „ „ Genf	„	10	—
b) Grobe Silbersorten:			
Zehnfrankenstück von Genf[2])	„	10	—
Neutaler aller Kantone	„	5	72
Zweiguldentaler von Zürich	„	4	58
Zwanzigbätzner aller Kantone	„	2	86
Gulden von Schwyz	„	1	69
c) Kleine Silbersorten:			
Fünfbätzner aller Kantone	„	—	70
Zweieinhalb Batzen „ „	„	—	35
15-Kreuzer von St. Gallen	„	—	52
10-Schillinge von Luzern	„	—	45
d) Billon- und Kupfersorten:			
1-Batzen aller Kantone	1	—	14
1-Kreutzer „ „	2	—	07
2-Rappen „ „	5	—	14
1-Bluzger von Graubünden	4	—	09
1-Pfennig von Appenzell	8	—	07
3-Soldi von Tessin	1	—	09
6-Denari „ „	2	—	03
Genfer Centimes nach Nennwert.			

[1]) Bdbltt. 1851, I, S. 335.

[2]) Gewicht 50 gr.! Bei der Einschmelzung waren 8 Stück vorhanden.

Dem Münzgesetz war unter dem gleichen Datum ein „Bundesgesetz betreffend die Ausführung der schweizerischen Münzreform" beigegeben. Die Bestimmungen desselben sind natürlich münztechnischer Art und können daher hier übergangen werden.

Über die Durchführung der Münzreform liegt ein ausführlicher Bericht der Münzkommission vor.[1]) Wir geben hier nur einen Überblick über den Gang des Reformwerkes im allgemeinen.

Nachdem zugleich mit dem Ausführungsgesetz ein Preisausschreiben für die Münzzeichnungen[2]) erlassen war, ernannte der Bundesrat im Juli 1850 eine Münzkommission, die selbst wieder einen Stab von Schmelzkommissaren, Unterbeamten usw. anstellte.

J. Speiser blieb als Münzexperte die Seele des Ganzen. Die rasche Durchführung der Reform und ihr günstiger Abschluß sind in erster Linie seinem finanziellen und geschäftlichen Talente zuzuschreiben.

Ende 1850 schloß man die Verträge zur Lieferung des nötigen Münzguts, über die Prägung, Transport- und Zollfreiheit der Münzsendungen und die Aufnahme einer Anleihe von 4,5 Mill. Fr. Die Prägungen wurden, da die Berner und die anderen schweizerischen Münzstätten zu klein waren, in Paris für die Silber- und Kupfersorten, in Straßburg für die Billonmünzen an die dortigen Münzstätten vergeben.

Da man ferner mit Recht fürchtete, daß die auszuprägenden Sorten dem Bedürfnis nicht genügen möchten, schloß man mit der Firma Ve. Lyon Alemand et fils in Paris einen Vertrag über Lieferung von 1 Mill. Fr. in französischen Silbersorten, verdoppelte die Ausprägung von eigenen eidgenössischen Silber-

---

[1]) Aus demselben stammen die Angaben. Bdbltt. 1853, Bd. II, S. 92.

[2]) Für die Silbersorten wurde eine Zeichnung von Fink (Zürich) und Bovy (Paris) gewählt. Avers: Sitzende Helvetiafigur mit der Rechten auf die Berge weisend, in der Linken Wappenschild mit Schweizerkreuz; Revers: Wertangabe in Kranz aus Alpenrosen und Eichenlaub. Die Stempel der Billon- und Kupfersorten zeigten auf dem Avers das Schweizerwappen, auf dem Revers die Wertangabe in einem Kranz von Alpenrosen (20 Rp.), Eichenlaub (10 Rp.), Reblaub (5 Rp.) und ohne solchen (2 Rp., 1 Rp.)

münzen[1]) zu 2, 1 und 1/2 Fr. und erhöhte die Ausprägung von Kupfermünzen[2]) zu 1 Rp. von 3 auf 5 Mill. Fr. Diese Erhöhungen wurden veranlaßt durch den Mangel an Silbergeld, der während der Ausführung der Münzreform eintrat.

Ebenfalls im Laufe des Jahres 1851 wurden die durch Art. 8. Abs. 2 geforderten Reduktionstabellen aufgestellt und vom Bundesrat genehmigt.

Die Einlösung der alten Münzen wurde nun folgendermaßen vorgenommen:

Im April 1851 wurden allerorts die deutschen Scheidemünzen außer Kurs gesetzt, so daß sie allmählich abflossen.[3]) Die Münzprägungen begannen im Juni und Juli 1851. Im März des gleichen Jahres wurde ein Reglement über das Einschmelzungs- und Nachzählungsverfahren erlassen, die Einlösungsart nach Speisers Vorschlägen abgeändert und am 1. August 1851 mit der Einlösung begonnen.

Die Einlösung ging in der Weise vor sich, daß von Südwesten nach Nordosten vorschreitend immer in 2—4 Kantonen zugleich eingelöst wurde. Dieselbe fand statt in

Genf und Waadt im August und September 1851,
Freiburg und Wallis im September und Oktober,
Neuenburg von Mitte September bis Mitte November.

Infolge dieser Einlösungen wurden die deutschen groben Silbersorten nach der Nord- und Ostschweiz zurückgedrängt. Der Bundesrat sah sich daher genötigt am 19. Nov. 1851 in den betr. Kantonen bis zur Durchführung der Reform die groben deutschen Geldsorten zu tarifieren.

Weiter wurde eingelöst in

Bern und Solothurn vom November 1851 bis Januar 1852,[4])
Basel und Aargau im Dezember 1851 und Januar 1852,

---

[1]) Am 7. Aug. 1851.

[2]) Am 23. Dez. 1851.

[3]) Bdbltt. 1852, Bd. I, S. 440.

[4]) Durch den Staatsstreich Napoleons (2. Dez. 1851) war die Prägung in Paris verzögert. Daher wurde hier die Einlösungsfrist auf 3 Monate verlängert.

Luzern, Uri, Schwyz, Unterwalden im Januar und Februar 1852,

Zug und Glarus Mitte Februar bis Mitte April,

Zürich[1]) und Schaffhausen Mitte März bis Mitte Mai,

Thurgau, St. Gallen und Appenzell von Mitte Mai bis Mitte Juli,

Graubünden und Tessin im Juni und Juli,

Genf von Mitte Juni bis Mitte August für die genferschen Münzen von 1838 (s. ob. § 2).

Alsdann wurde noch ein allgemeiner letzter Termin bis zum 31. August für die ganze Schweiz angesetzt.

Das eingeschmolzene Münzgut an Silber, Billon und Kupfer kam nach Paris und Straßburg zur Prägung der neuen Münzen. Das übrig gebliebene und das Gold wurde verkauft.

Ende 1852 und Anfang 1853 wurden die Rechnungen abgeschlossen, die Anstalten aufgelöst, und am 19. Februar 1853 der Bericht an den Bundesrat abgeliefert.

Es waren im ganzen eingezogen 65,823,017 Stück Münzen, von denen fast alle eingeschmolzen wurden. Der Nennwert der eingezogenen betrug nach den Ansätzen des Einlösungstarifs 15,012,626.44 Fr., der Wert des gewonnenen Münzmetalls 12,747,944.72 Fr., der Verlust also 2,264,681.72 Fr.

Eingelaufen waren 319 nach Nennwert, Gepräge und Metallwert verschiedene Sorten.

Der Einlösungswert der 44 Goldsorten betrug 227,278.82 Fr. Es waren dies Doppel-, Einfache-, Halbe- und Viertel-Dublonen, 8—¼-Dukatenstücke, 24- und 12-Münzgulden, 2- und 1-Goldgulden, ½-Goldkronen, 20- und 10-Frankenstücke. Die Gepräge stammten aus Bern, Solothurn, Basel, Graubünden, Zürich, Luzern, Uri, Unterwalden, Genf und der Helvetik (vergl. § 1, Ende).

Der Einlösungswert der Silbersorten betrug 9,728,074.84 Fr., der Billonsorten 5,041,348.27 Fr. (sic!) und der Kupfersorten

[1]) Hier war der Andrang der alten Münzen außerordentlich stark, sodaß in den ersten Tagen die Münzkommission kaum die nötigen neuen Münzen liefern konnte. Die alten Münzen hatten sich anscheinend nach dem Industriezentrum drängen lassen, denn hier mußten 4 Mill. Fr. von im ganzen 15 Mill. Fr. eingelöst werden.

35,715.97 Fr. Alle Kantone hatten diese Sorten geprägt. Es waren im Umlauf gewesen: Neu-, Sonnen-, Adler-, 1- bis 1/4-Taler; 4- bis 1/16-Guldenstücke; 15-, 6-, 5-, 1- und 1/2-Kreutzer; 10 Fr. (von Genf); 39-, 21-, 20-, 14-, 10 1/2-, 10-, 7-, 6-, 5-, 4-, 3-, 2 1/2-, 2-, 1-, 2/3- und 1/2-Batzenstücke; 2- und 1-Rappen und Pfennige; 1- und 1/2-Diken; 8-, 6-, 4-, 2- und 1-Piécettes (von Freiburg); 15-, 10-, 5-, 3- und 1-Schillinge; 3- und 1-Groschen; 2-, 1- und 1/6-Asses; 3-Soldi; 1-Bluzgerstücke; 1-Angsterstücke; 6- und 3-Denari; 25-, 10-, 5-, 4-, 2- und 1-Centimes (von Genf); Fünfer; Brakteaten von Basel (sic!); 21-, 15-, 10 1/2-, 6-, 3-, 1 1/2- und 1-Sols (verrufen); 6-Denierstücke (verrufen); gewiß ein bunter Zug, der da in den Schmelztiegel wanderte!

Die meisten verschiedenen Münzsorten hatten geprägt: Bern (21), Luzern (20) und Zürich (18), die wenigsten: Glarus (4) und Nidwalden (3).

An neuen Münzen eidgenössischen Gepräges waren geprägt und ausgegeben worden:

Stück	Sorte	Nennwert Fr.	Rp.
500 000	5-Franken	2 500 000	00
1 500 000	2- „	3 000 000	00
5 000 000	1- „	5 000 000	00
4 000 000	1/2- „	2 000 000	00
11 559 783	20-Rappen	2 311 956	60
13 316 548	10- „	1 331 656	80
20 023 066	5- „	1 001 153	30
11 000 000	2- „	220 000	00
5 000 000	1- „	50 000	00
71 899 397	im Nennwert von	17 414 764	70

Der Rechnungsabschluß des Münzreformgeschäftes war günstiger als man erwartete. Die Unkosten betrugen 1/2 Mill. Franken. Die Einschmelzungsverluste an den alten Münzen wurden gemäß dem Gepräge auf die Kantone verteilt, ebenso der Prägegewinn nach Abzug der Unkosten (1,119,871.10 Fr.).

Dadurch büßten die Kantone ihre übertriebenen unterwertigen Ausprägungen aus früheren Jahren ein. (Einige Kantone machten dabei allerdings noch einen Gewinn.)

In Ausführung des Art. 8, Abs. 1 des Münzgesetzes wurden durch ein Dekret des Bundesrats vom 16. Januar 1852 die 5-, 2-, 1-, ½-, ¼- und ⅕-Frankenstücke von Frankreich, Belgien, Sardinien, Parma, der ehemaligen cisalpinischen Republik (1797—1802) und dem vormaligen Königreich Italien (regno d'Italia 1802—1814) zu ihrem Nennwert tarifiert. Davon wurden allerdings die ¼-Frankenstücke (= 25 Rappen) bereits am 1. September 1852 wieder außer Kurs gesetzt, da sie in ihren Heimatstaaten ebenfalls verrufen wurden. Die übrigen Stücke waren durch die Verleihung des Kassenkurses „schweizerisches Geld" geworden.

Zur Anwendung von Art. 11 des Münzgesetzes bestimmte der Bundesrat am 20. Februar 1852, daß die Kreispost- und Hauptzollkassen die Einwechselung der Billon- und Kupfersorten gegen Silber bei Beträgen von über 50 Fr. ausführen sollten.

Damit war das eidgenössische Münzgesetz nach 3 Jahren im Frühjahr 1853 ausgeführt. An die Stelle von 319 waren 9 verschiedene Münzsorten getreten, also 35,4 mal weniger.

Gewiß durfte die Münzkommission am Ende ihres Schlußberichtes erklären:

„Mit großer Befriedigung, gegenüber den gehegten Erwartungen und Befürchtungen, darf man jetzt auf die vollendete Münzreform zurückblicken.

Wohl kaum ein Land kann sich rühmen, eine so großartige Operation in so kurzer Zeit und zu so allgemeiner Zufriedenheit durchgeführt zu haben."

§ 4.

CHARAKTERISTIK DES SCHWEIZERISCHEN GELDSYSTEMS.

Das Münzgesetz vom 7. Mai 1850 brachte der Schweiz ein Geldsystem, das sich als reine Silberwährung charakterisiert, das aber keineswegs dem neuen Bundesstaat die unumschränkte Herrschaft über sein Geld verlieh, ihn vielmehr zu einer Geldprovinz seines Nachbarstaates Frankreich herabdrückte.

Die Zusammensetzung des schweizerischen Geldbestandes war folgende: An Billon- und Kupfermünzen zu 20, 10, 5, 2 und 1 Rp. liefen nur eidgenössische Gepräge um. Der Betrag bezifferte sich auf 5 Mill. Fr., d. h. pro Kopf der Bevölkerung ca. 2¹/₄ Fr.

An Silbersorten liefen einmal die eidgenössischen Stücke zu 5, 2, 1 und ¹/₂ Fr. in einem Betrag von 12,5 Mill. Fr. um, zum andern durch das Dekret vom 16. Jan. 1852 tarifierte 5-, 2-, 1-, ¹/₂- und ¹/₅-Frankenstücke aus Belgien, Frankreich, Parma, Sardinien, dem ehemaligen regno d'Italia und der cisalpinischen Republik in einer Höhe von etwa 100 Mill. Fr.[1])

Aus Art. 8 Abs. 1 des Münzgesetzes geht hervor, daß jedermann verpflichtet war, diese Münzen zum Nennwert in Zahlung zu nehmen. Sie hatten Zwangskurs. Durch den Kassenkurs und noch mehr durch den Zwangskurs wurden die genannten Münzen schweizerisches Geld. Daß sie belgisches, französisches, sardinisches usw. Gepräge trugen, war ohne Einfluß auf ihre Geltung, die rein auf der Proklamation durch den Bundesrat beruhte.

Es bestand somit in der Schweiz einseitiger Synchartismus in bezug auf das Silbergeld Belgiens, Frankreichs, Sardiniens usw., d. h. die gleiche Münze, die in ihrem Prägestaate Geld desselben war, war auch in der Schweiz Geld der Schweiz.

Das französische Fünffrankenstück stand in Frankreich, wo es geprägt war, als französisches Geld unter französischer Rechtsordnung. Dasselbe Stück stand in der Schweiz, wo es nur akzeptiert war, als schweizerisches Geld unter eidgenössischem Recht. Ebenso war es bei den übrigen Silbersorten der sog. Frankenländer.

Die Nachahmung des französischen Frankensystems für die Silbersorten zu 5, 2, 1 und ¹/₂ Fr. in der Schweiz hatte

---

[1]) Nach J. Speisers Schätzung liefen etwa 120 Mill. Fr. Silbergeld in der Schweiz um.

sog. Homochartismus hervorgerufen. Dadurch wurden die französischen, belgischen usw. Stücke noch nicht „schweizerisches Geld." Dies wurden sie erst durch die Tarifierung vom 16. Januar 1852. So waren z. B. vom 1. Sept. 1851 bis 16. Januar 1852, als in einigen südwestlichen Kantonen das neue eidgenössische Geld mit eidgenössischer Prägung bereits gesetzliches Zahlungsmittel war, die fremden Münzen noch ausländisches (französisches, belgisches usw.) Geld. Es bestand in diesen Monaten nur eine Homochartalität mit Frankreich usw. Erst durch die Erklärung des bezügl. fremden Silbergeldes zu gesetzlichen Zahlungsmitteln wurde die Synchartalität der Stücke begründet.

Mit der Durchführung der eidgenössischen Münzreform wurde die Schweiz also eine Provinz des Gebietes, das das französische Münzsystem und das französische Geld angenommen hatte, besonders aber Frankreichs. Das schweizerische Geldwesen ist daher von nun an als ein Teil des französischen Silbergeldwesens zu betrachten. Die Schweiz und Frankreich — denn fast alles in der Schweiz umlaufende fremde Geld war französischen Ursprungs — sind als e i n Münzgebiet in bezug auf das Silbergeld anzusehen, dessen Gesetze in erster Linie von Frankreich gegeben werden.

Der Synchartismus erstreckte sich aber ausschließlich auf das Silbergeld der betr. Staaten. Das Goldgeld war weder synchartal noch homochartal. Die Eidgenossenschaft hatte überhaupt kein Goldgeld.

Dies kam daher, daß man damals das Silber für das einzig mögliche Münzmetall hielt. Das Gold war durch Ausfuhr so selten geworden, daß es in Paris ein Agio von durchschnittlich 1—2 % hatte.[1]) In der ersten Hälfte des neunzehnten Jahrhunderts herrschte überhaupt das Silbergeld ausschließlich. Das französische Münzgesetz von 1803 hatte das Goldgeld nur nebenher eingeführt, der süddeutsche Münzverein von 1837, der Dresdener Münzvertrag von 1838 (für den Zollverein) hatten das Gold als Münzmetall ganz außer Acht gelassen.[2])

---

[1]) Helfferich, Geld und Banken, Bd. I, S. 131.

[2]) Ebendort, S. 127.

Ein weiterer Grund der Nichtaufnahme des Goldgeldes ist in der Erkenntnis zu suchen, daß die Festsetzung des Wertverhältnisses Gold : Silber = 15,5 : 1 hinfällig sei. Diese Erkenntnis, die schon 1837 seitens einiger Kantone geltend gemacht wurde (s. ob. § 2), war von J. Speiser in seinem Gutachten zur Münzreform (s. § 3) besonders betont worden.

Man glaubte damals noch mit zugewogenen Metallmengen zu zahlen, d. h. mit morphisch-pensatorischen Zahlungsmitteln. Daher wurde alles Geld höheren Wertes vollwertig ausgeprägt. Die Metallmenge Silber, die der Franken enthielt, entsprach genau dem Quantum ungemünzten Silbers, das man für den Preis von 1 Fr. auf dem Edelmetallmarkte erhielt. Man glaubte nun, wenn man Goldmünzen z. B. zu 10 Fr. Nennwert präge, so müsse man demselben einen Metallgehalt geben, der genau dem Quantum Gold entspreche, das man auf dem Edelmetallmarkte für 10 Fr. kaufen könne, d. h. man müsse die Stücke vollwertig machen. Alsdann hätte man damals (1850) die betr. eidgenössischen Goldmünzen leichter ausprägen müssen, als die entsprechenden französischen. Diese waren nach dem Verhältnis von 15,5 : 1 zwischen Gold und Silber ausgeprägt. Das Gold war aber zur Zeit auf dem Edelmetallmarkte teurer, so daß das Verhältnis auf 15,75 : 1 stand. Dieses Verhältnis konnte sich jederzeit ändern, so daß man konsequenterweise bei jeder Änderung alle Goldmünzen hätte umprägen müssen. Dies ist natürlich nicht ausführbar, und deshalb unterließ man die Goldprägung überhaupt.

Der Grund zu dem einseitigen Synchartismus in bezug auf das Silbergeld der Frankenländer war folgender:

Bei der, wie erwähnt, völlig metallistischen Auffassung der Zeit vom Geldwesen, bei dem Umstand, daß man die Werteinheit als eine gewisse Metallmenge Silber definierte, glaubte man, alle Münzen, die den gleichen Metallgehalt besäßen, in gleicher Weise als Geld gebrauchen zu können. So hätte die Eidgenossenschaft gar kein Silbergeld — bei dem Scheidegeld aus Billon- und Kupfer lag der Fall anders — auszuprägen brauchen, sondern einfach dem fremden Frankengeld den Charakter als gesetzliches Zahlungsmittel verleihen können. In der Tat war das auch der bei der Festsetzung der Ausprägungssummen zugrunde liegende Gedanke. Man sagte sich nämlich,[1]) daß man das Geld „am vorteilhaftesten dort kaufe, wo der Schweiz die Abnützungskosten nicht zur Last fielen, welche denjenigen beträfen, dessen Stempel die Münze trage". Da es aber „nicht passend" sei, gar keine Münzen eigenen (eidgenössischen) Gepräges zu besitzen, so solle man eine Anzahl „Typen" ausprägen.

Bei einem Bedarf von 95 Mill. Fr. in Fünffrankenstücken prägte man daher bloß 2,5 Mill. Fr. in eigenen Münzen aus, d. h. $^1/_{38}$ des Umlaufs!

Man wollte an den fremden Silbergeldbeständen schmarotzen! Die durch das Geld eines Staates ihm entstehenden Unkosten (Prägung, Abnützung, Einlösung) hat selbstverständlich der Staat zu tragen. Falsch ist es daher, zu glauben, obwohl man fremdes Geld zu seinem Zahlungsmittel gemacht hat, müsse doch immer noch für die Unkosten dieses Geldes der fremde Staat, dessen Gepräge es trägt, aufkommen. Wer den Nutzen von dem Gelde hat, hat auch die Kosten davon zu tragen.[2])

Die Schweiz ersparte sich, als sie ihre Prägungen an Silbergeld 1851/52 ausführen ließ, die Kosten für die Prägung von über 90 Mill. Fr. in Fünffrankenstücken, von über 10 Mill. Fr. in Silberteilmünzen (2-, 1- und $^1/_2$-Frankenstücke). Außerdem trug sie keinerlei Unkosten, die durch die Abnützung geschaffen wurden.

Auf Grund dieser Betrachtung stellt sich das Geldsystem der Schweiz als ein **Münzparasitismus** im weitesten Umfange heraus. Der einseitige Synchartismus führte stets zu einer parasitären Benutzung des fremden Geldes, selten aber lag die Absicht der Geldbeschaffung auf Kosten eines fremden Staates so klar, wurde sie so unverblümt ausgesprochen. Die Eidgenossenschaft dachte dabei gar nicht daran, bei ihren Nachbarländern um Erlaubnis zu fragen, obwohl es doch z. B. Frank-

---

[1]) Speiser in seinem Gutachten, Bdbltt. 1849, Bd. III, S. 78 ff.

[2]) Vgl. damit die Haltung der Schweiz im Jahre 1885 (s. § 10)!

reich nicht gleichgültig sein konnte, wenn sein Geldumlauf durch Entziehung von Geld für fremde Länder verringert wurde.

Anders verhält es sich, wie eingangs erwähnt, mit den Billon- und Kupfersorten, d. h. also mit dem unterwertigen schweizerischen Gelde. Diese bestanden nur aus Sorten schweizerischen Ursprungs, eidgenössischen Gepräges.

Man glaubte, diese Münzen seien ein „Kreditgeld", ihre Geltung als gutes Geld beruhe auf dem Vertrauen in ihre Einlösbarkeit in Silbergeld mit vollem Metallgehalt. Daher könne man fremdes unterwertiges Geld nicht zum gesetzlichen Zahlungsmittel erklären, da ja die Schweiz dessen stete Einlösbarkeit nicht garantieren könne!

Von dieser Begründung war der zweite Teil richtig, der erste falsch. Die Geltung der unterwertigen Billon- und Kupfersorten beruht auf der Proklamation, auf dem Befehl des Staates, sie als Zahlungsmittel anzunehmen, nicht auf ihrer Einlösbarkeit oder auf ihrem mehr oder minder hohen inneren Werte. Man konnte auch fremdes unterwertiges Geld als Zahlungsmittel benutzen, mußte es dann aber genau so behandeln, wie sein Heimatstaat.

Die Eidgenossenschaft machte von dieser Möglichkeit keinen Gebrauch und behielt auf diese Weise wenigstens die alleinige Herrschaft über ihr Billon- und Kupfergeld. —

Was die platischen Beziehungen des schweizerischen Geldes zum Metall anbetrifft, so sei zum Voraus sofort bemerkt, daß die Eidgenossenschaft für sich kein Papiergeld, Kassenscheine, Banknoten usw. ausgeben konnte. Das Banknotenwesen der schweizer Kantone war (s. § 7) noch sehr wenig entwickelt, die Furcht vor uneinlösbarem Papiergeld, wie es Frankreich soeben wieder erlebt hatte, und die Erinnerung an die Assignaten der Revolutionszeit verhinderten, daß man dem Bunde die Kompetenz gab, Noten oder anderes Papiergeld auszugeben.

So hatte die Schweiz nur Münzen, ihr Geldwesen war ausschließlich metallisch, war ein Münzwesen. Als Münzmetall war das Silber angenommen in einer Feinheit von $^9/_{10}$ für die 5-, 2-, 1- und $^1/_2$-Frankenstücke, in derselben Feinheit, in der auch die entsprechenden französischen Stücke ausgeprägt waren. Die

Stücke zu 20, 10 und 5 Rappen wurden aus Billon, einer Mischung von Kupfer, Zink und Nickel, die zu 2 und 1 Rappen aus Kupfer mit einem Zusatz von Zinn geprägt. Über die erlaubten Fehlergrenzen in Feingehalt und Gewicht des Metallgehalts und der Legierung bestimmen die Art. 4—7 das Nähere.

Die Größe der Silbersorten wurde aus begreiflichen Gründen der Synchartalität gleich der der französischen entsprechenden Sorten gewählt (Art. 7): Der Unterschied der Münzen sollte im Verkehr auf das Gepräge beschränkt werden.

Die Vorschriften der Artikel 1 und 4—7 geben den Münzfuß der eidgenössischen Münzen an, es sind münztechnische Vorschriften für den Münzmeister. Sie bestimmen den spezifischen Gehalt der Sorten; z. B. gibt Art. 1 die Bestimmung, daß der spezifische Gehalt des Frankens $^1/_{111}$ Pfund feinen Silbers sein soll. Diese Münze wird nämlich so hergestellt, daß auf jedes Stück $^1/_{111}$ Pfund feinen Silbers = 4,5 gr kommen.

Für die Geltung der Münzen geben die gen. Art. keinen Anhalt; diese geht vielmehr aus dem Einlösungstarif und den Art. 2 und 3 hervor.

Weit wichtiger sind die genetischen Beziehungen der schweizerischen Geldsorten zum Metall.

Das Zahlungsmittel, das durch das Münzgesetz geschaffen war, ist ein chartales. Seine Geltung beruhte auf der Proklamation des Art. 8 als staatliches Geld.

Die Eidgenossenschaft hatte ihr Geldwesen an das Metall Silber angelehnt. Dieses war zwar in dem Landgebiet „Schweiz" nicht frei zu Geld ausprägbar, aber es war dies in Frankreich. Man konnte schweizerisches Silbergeld dadurch erhalten, daß man in Frankreich, wo das Silber frei ausprägbar war (also „bar"), sein Barrensilber ausprägen ließ, die so gewonnenen französischen Silbermünzen in die Schweiz brachte und dort, wo sie ja „schweizerisches Geld" waren, als Geld verwandte.

Für die genetische Natur des Silbergeldes kommt eben die Stellung der Schweiz als Geldprovinz Frankreichs in Betracht. Von hier aus ist die Entstehung der schweizerischen Silbermünzen zu erklären.

Das Silber war in Frankreich ein hylisches Metall, d. h. aus ihm konnten jederzeit auf jedermanns Rechnung nach einer bestimmten Norm unbegrenzt viel Münzen geschlagen werden: das Silbergeld war in Frankreich „bar". Daher war es dies auch in der Geldprovinz Frankreichs, der Schweiz. Die 5-, 2-, 1-, $^1/_2$- und $^1/_5$-Frankenstücke der Schweiz waren also bares Geld,[1]) und sie hatte ein Metall, das Silber, das frei ausprägbar war.

Das eidgenössische Silbergeld zu 5-, 2-, 1- und $^1/_2$-Franken mit eidgenössischem Gepräge war notal, denn nach Art. 12 des Gesetzes bestimmte die Bundesversammlung, wieviel solcher Münzen ausgeprägt werden sollten. Die Münzstätte der Eidgenossenschaft durfte nur auf Beschluß der Bundesversammlung prägen.

Eine freie Vermehrung des Silbergeldes eidgenössischen Gepräges war also ausgeschlossen, nicht aber — auf dem Umwege über die französischen Münzstätten — eine solche des schweizerischen Silbergeldes überhaupt.

Die Billon- und Kupfermünzen waren Geld ausschließlich durch die Proklamation, sie waren autogenisch.

Vom gleichen Standpunkte wie die genetischen sind auch die dromischen Beziehungen des schweizerischen Geldes zum Metall zu betrachten.

Da das Silber hylisches Metall war, so war auch der hyloleptische Zweig ausgebildet. Die Münzstätten Frankreichs[2]) mußten das Silbermetall zu 222,22 Fr. abzüglich des Schlagschatzes für die Prägung annehmen. Daher bestand für das Silber eine untere feste Preisgrenze.

Eine feste obere Preisgrenze bestand nicht, da die abgeschliffenen Stücke nicht eingezogen und durch neue ersetzt wurden.

Solange der Silberpreis auf dem entscheidenden, dem Londoner Silbermarkt in der gleichen Höhe stand, wie 1850 (1 kg $^{10}/_{10}$ f. = 222,22 Fr.), konnte dies auf den Silberbestand des schweizerischen Geldwesens keinen Einfluß ausüben. Sank der Silberpreis jedoch in London, so mußten bald die Silber-

[1]) Hylogenisch-orthotypisches Geld nach G. F. Knapp.

[2]) Die nächste war Straßburg i/E.

händler ihre Barren an die Münzstätten verkaufen, und durch die infolgedessen vermehrte Silberprägung schwoll der Umlauf an Silbergeld an. Alsdann fand ein Zuströmen von Silbergeld nach der Schweiz statt.

Stieg der Silberpreis in London, so war es vorteilhaft, Silbermünzen einzuschmelzen und als Barren zu verkaufen. Dann mußte ein Abnehmen des Umlaufs an Silbergeld, ein Abfluß desselben eintreten.

Auf beides hatte die Eidgenossenschaft keinen Einfluß. Als Geldprovinz Frankreichs war sie mit gefesselten Händen diesem mächtigen Staate in den Lebensfragen ihres Geldwesens ausgeliefert. —

Wir werfen nun einen Blick auf die funktionellen Stellungen der einzelnen Geldsorten der Schweiz.

Die Silbersorten zu 5, 2 und 1 Fr. waren Kurantgeld, sie mußten in jedem Betrag angenommen werden. Einlösbar waren sie natürlich nicht, da es keine andere Kurantgeldart in der Schweiz gab.

Die Silbersorten zu 50 und 20 Rappen, die Billonsorten zu 20, 10 und 5 Rp. und die Kupfermünzen zu 2 und 1 Rappen waren Scheidegeld.

Die kritische Höhe in der Annahme betrug für die ersten zwei Arten 20 Fr., für die letzte 2 Fr. auf jeden Betrag (nach Art. 10 des Gesetzes). Man mußte also Zahlungen von 40 Stück zu 50 Rappen, 100 Stück zu 20 Rp., 200 bezw. 400[1]) Stück zu 10 bezw. 5 Rappen, und 50 bezw. 100 Stück zu 2 bezw. 1 Rappen annehmen.

Dabei war das 50- und 20-Rappenstück aus Silber frei ausprägbares Geld in Frankreich. Es gab also in der Schweiz ein „bares Scheidegeld"!

Der Grund zur Einführung der kritischen Höhe in der Annahme des gen. Kleingeldes lag in der Absicht, niemanden zu zwingen, große Summen unterwertigen Geldes annehmen zu müssen, da durch dieselben eine reale Befriedigung nicht ein-

[1]) Gewicht 1 $1/2$ Pf.!

treten konnte. Die Geltung hing aber hiervon nicht ab. Die Maßregel war nicht notwendig, wohl aber sehr nützlich.

Ähnlich verhält es sich mit der Einlösbarkeit des Scheidegeldes. Die Silbersorten waren nicht einlösbar, sondern definitiv. Sie waren ja auch vollwertig! Die Billon- und Kupfersorten waren an den Kreispost- und Hauptzollkassen gegen Silberkurantgeld einlösbar (Art. 11) in Beträgen von 50 Fr. an.

Man glaubte, wie schon oben (S. 46) bemerkt, die Geltung der unterwertigen Münzen beruhe auf deren Einlösbarkeit. Dies ist jedoch keineswegs der Fall. Ihre Geltung beruht auf dem Befehl des Staates. Ihre Einlösbarkeit ist nur eine höchst zweckmäßige, keineswegs aber notwendige Einrichtung.

Valutarisch behandelte man das einzige Kurantgeld, die Silbersorten zu 5, 2 und 1 Fr., insbes. den sog. Fünffrankentaler. Nur diese konnten die Behörden, Bund wie Kantone, die Banken usw. aufdrängen.

Da das Silbergeld „bar" war, so hatte die Eidgenossenschaft eine bare Silberwährung, geradeso wie damals Frankreich (1852).

Sämtliche Bestimmungen des Münzgesetzes galten für alle Arten von Zahlungen, sowohl für solche an den Staat als auch für solche unter Privaten (Die Lohnzahlungsklausel des Art. 8 des Münzgesetzes war daher überflüssig). —

In der geschilderten Weise regelte sich nach dem neuen Geldsystem der Zahlungsverkehr der Schweiz im Inland. Ganz anders regelte sich natürlich der Geldverkehr mit dem Ausland.

Für diesen kommt das Währungsgeld der Schweiz, ihre Valuta, das Silbergeld zu 5, 2 und 1 Fr. in Betracht. Durch dasselbe war für die Länder, die ebenfalls eine Silberwährung hatten, ein Paristand des Wechselkurses zwischen ihnen und der Schweiz geschaffen. Das Silberpari ergab sich durch den Metallgehalt des jeweiligen Währungsgeldes an Silbermetall.

In normalen Zeiten konnte der Wechselkurs zwischen der Schweiz und einem Silberwährungsland nicht erheblich unter oder über dem Pari stehen. Der Kurs hängt allerdings nicht von dem Metallgehalt in erster Linie ab, sondern von dem Angebot und der Nachfrage nach dem fremden Gelde auf der Börse. Diese werden wieder durch den Stand der Handels- und der Kapitalbilanz zwischen den betreffenden Ländern bedingt. Außerdem spricht die allgemeine Geldmarktlage der Welt mit, die Lage des Edelmetallmarktes, politische Stimmungen und Konstellationen haben bedeutenden Einfluß auf den Wechselkurs.

Das Silberpari konnte also nur ein fester Punkt sein, um den der Kurs nach oben und unten schwankte. Keineswegs war der Kurs gegen Silberländer durch die Annahme der Silberwährung festgelegt.

Unter den Silberwährungsländern, die die Schweiz auf allen Seiten umgaben, nehmen die Frankenländer eine besondere Stellung ein. Das Geld derselben war z. Teil ja infolge der einseitigen Synchartalität auch schweizerisches Geld. Man konnte also bei Zahlungen nach einem dieser Länder statt auf der Börse sich Geld des betr. Landes zu kaufen, schweizerisches Geld dem Verkehr durch Einsammeln entziehen und seine Schuld mit diesem begleichen.

Diese Möglichkeit, dem Agio auf der Börse zu entgehen, war natürlich nur bei kleineren Zahlungen vorhanden. Größere Summen — und um solche handelt es sich fast stets bei dem Zahlungsverkehr nach dem Ausland — bezahlte man durch Wechsel auf das betr. Ausland. Die Wechsel konnte man nur an der Börse erhalten. Stand nun die Nachfrage nach fremden Zahlungsmitteln hoch, d. h. war die Schweiz an ein bestimmtes Ausland verschuldet (nach Handels- und Kapitalbilanz), so stieg natürlich auch das Agio, das der Schuldner für die Wechsel auf das betr. Ausland zahlen mußte: Der Wechselkurs auf dieses Land stand über Pari.

Die Schweiz war (wie in § 3 dargelegt) an Deutschland und Frankreich fast stets verschuldet, da sie viel mehr Waren von dort erhielt, als sie ausführte. Daher hatte der Wechselkurs auf Deutschland und Frankreich auch stets die Neigung, über Pari zu stehen. Der Guldenkurs stand fast immer hoch; der Frankenkurs stieg manchmal über Pari, wurde aber dann sofort wieder auf Pari herabgedrückt, da man bei hohem Frankenkurs auf Frankreich mit Vorteil Silbergeld versandte. Dieser Versand setzte ein, sobald der französische Wechselkurs um den Betrag der Portokosten des Silberversands von der Schweiz nach Frankreich das Silberpari (100 °/₀) überschritt. Dieser Stand des Kurses auf Paris, der sog. obere Silberpunkt, wurde in den fünfziger Jahren selten erreicht.

Das gleiche Verhältnis bestand natürlich gegenüber Belgien, Sardinien und Parma, die ja auch die Frankenwährung hatten.

Die Hoffnung, durch Annahme des Frankensystems einen dauernden Paristand des Kurses auf die Frankenländer zu erhalten, war also fehlgeschlagen. Der Kurs war befestigt, aber nicht festgelegt.

In dem Münzgesetz befand sich nun noch ein Art. (9), der für die exodromische Verwaltung des schweizerischen Geldwesens von Wichtigkeit war. Derselbe gab dem Bundesrat das Recht, im Falle, daß der Kurs auf Paris den Stand von 100, 50 °/₀ überschritt, andere fremde Geldsorten nach ihrem inneren Gehalt zu tarifieren. Auf diesen, den sog. Sicherheitsklappenartikel, hatten die Freunde des Tarifierungssystems des Schweizerfranken ihre Hoffnung gesetzt. Im Falle seiner Anwendung hätte man nämlich den deutschen Gulden und Taler tarifieren müssen, diese Münzen wären massenhaft in die Nord-, Ost- und Zentral-Schweiz eingeströmt und — die Zentralisation des Münzwesens stand wieder nur auf dem Papier.

Der französische Wechselkurs tat den Guldenfreunden aber nicht den Gefallen über 100, 50 °/₀ zu steigen. —

Diesen bisher geschilderten rechtlichen Verhältnissen des Geldsystems der Schweiz standen die tatsächlichen z. T. sehr verschieden gegenüber.

Der Umlauf an französischem Frankengeld in der Ostschweiz war in den fünfziger Jahren sehr gering. Seine Stelle nahm mißbräuchlich der deutsche Gulden ein. Dies beruhte auf den lebhaften Handelsbeziehungen der dortigen Kantone mit dem Zollverein und Östreich. Der Guldenumlauf ging so weit, daß wiederholt eine Tarifierung desselben beantragt wurde.

Das schweizerische Geldsystem im Jahre 1853.

Geltung	Gepräge	Beziehungen zum Metall: platische	genetische	dromische	Funktionelle Unterschiede der Annahme	Einlösbarkeit	Behandlung	Rechtsstellung
5, 2, 1 Fr.	Eidgenössisches Französisches Belgisches Sardinisches Parmesisches Cisalpinisches Italisches (außer Eidgen.)	Silber	bar	vollwertig	Kurantgeld	uneinlösbar	valutarisch	meist fremde Geldstücke
50 Rp.					Scheidegeld (bis 20 Fr. obligatorisch)		akzessorisch	
20 Rp.								nur fremde Geldstücke
20, 10, 5 Rp.	Eidgenössisches	Billon	notal	unterwertig		einlösbar		nur eidgenössische Geldstücke
2, 1 Rp.		Kupfer			Scheidegeld (bis 2 Fr. obligatorisch)			

Die Zentralisation des Münzwesens ließ also in einigen Teilen der Schweiz sehr viel zu wünschen übrig. Immerhin kann aber nicht bestritten werden, daß der Erfolg der Münzreform von 1848/53 ein ganz hervorragender war. Nach endlosen Kämpfen, nach jahrhundertelangem Durcheinander und wiederholt fehlgeschlagenen Besserungsversuchen hat die schweizerische Eidgenossenschaft aus eigener Kraft sich ein einheitliches Münzwesen geschaffen. Wenn dasselbe später auch manchen Fehler zeigte, so muß man doch bedenken, daß es für die Zeit seiner Schöpfung ein gut gelungenes Werk war, und daß es das unbestreitbare Verdienst hat, mit dem Mittelalter im Geldwesen der Schweiz vollständig aufgeräumt zu haben!

Es war gewiß nicht leicht, nach einem halben Jahrhundert erbitterten Ringens, nach der Schöpfung eines Staatswesens, das auf Grund eines siegreichen Bürgerkrieges entstanden war, ein solches alles umfassendes und alles durchdringendes Werk friedlicher Einigung zu schaffen. Mancher große Gedanke fortschrittlicher Geister ist in der organisatorischen Zeit jener ersten Legislaturperiode der Bundesversammlung an der Sondertümelei und dem engen Blick mancher Kantone gescheitert. Um so heller hebt sich die Durchführung der Münzreform davon ab. Es war das erste nationale Werk des jungen Bundesstaates.

III. Abschnitt.

DIE BEKÄMPFUNG DES SILBERGELD-ABFLUSSES. 1853—1869.

§ 5.

DER ÜBERGANG ZUR GOLDWÄHRUNG. 1853—60.

Kaum war das schweizerische Geldsystem geschaffen, so drohten demselben auch schon verschiedene Gefahren. Es dauerte kein Jahrzehnt, da hatte die Schweiz bereits eine Gold- statt der geschaffenen Silberwährung, und anderthalb Jahrzehnte, nachdem das erste Münzgesetz erlassen, verlor die Eidgenossenschaft die Herrschaft über ihr Geldwesen völlig an den neuen Geldstaat „Lateinische Münzunion“. —

Schon während der Durchführung der Münzreform zeigte sich ein Mangel an Silbergeld. So konnte von den bestellten 1 Mill. Fr. französischer Münzen nur etwas über 750000 Fr. geliefert werden, da das Silbergeld in Frankreich seltener wurde.

Ebenso mußten von Mehrprägungen in eidgenössischen Münzen, die am 23. Dez. 1851 beschlossen wurden, die Silbermünzen unausgeprägt bleiben, da das Barrensilber zu teuer war.[1])

Es zeigte sich aber auch schon bei der Durchführung der Münzreform ein starker Mangel an Kleingeld, bes. an

---

[1]) s. Bdbltt. 1854, I, 240. — Die Prägungen waren auf 2 Mill. Fr. Zwei-, 750000 Fr. Ein- und 250000 Fr. Halbfrankenstücke festgesetzt. Dieselben sind, wie aus dem Bundesblatt hervorgeht, nie ausgeprägt worden. Daher sind die Prägungsangaben der Tafel im Bdbltt. 1870, I, S. 415 für das Jahr 1850/51 nicht richtig. Die Höhe ist die in § 3 oben angegebene (Tabelle). Der gleiche Fehler findet sich in allen bisherigen Münzprägungstabellen der Schweiz, z. B. bei Escher in Wirths Statistik der Schweiz, im Statistischen Jahrbuch 1884 und 1902, in der Zeitschrift für schweizerische Statistik u. a. a. O.

Kupfer- und Billonmünzen. Die stärkeren Ausprägungen in dieser Sorte (s. § 3) genügten so wenig, daß der Bundesrat bereits am 20. Jan. 1853 die weitere Prägung von 2 Mill. Einrappenstücken verfügte.[1])

Der nächstliegende Grund für diesen Mangel an Silber- und an Scheidegeld wurde natürlich in der Höhe der Prägungen gesucht. An Silbergeld das für die Schweiz nötige Quantum von 115—120 Mill. Fr. selbst herzustellen, hatte man nie beabsichtigt. Dagegen sollte der Bedarf an Scheidegeld, soweit dasselbe aus Billon- und Kupfermünzen bestand, völlig durch Münzen eidgenössischen Gepräges gedeckt werden. 1850/51 hatte man für 5 Mill. Fr. derartige Geldsorten geprägt, d. h. also für etwa 2,20 Fr. pro Kopf der Bevölkerung. Zählt man dazu noch das eidgenössische silberne Scheidegeld zu 50 Rappen, so kamen über 3 Fr. Scheidegeld unter 1 Fr. Nennwert auf den Kopf der Bevölkerung. Das war für den damaligen Bedarf unter gewöhnlichen Verhältnissen sicher genügend.

Gleichwohl wiederholten sich die Klagen insbes. über Mangel an Scheidegeld, so daß man sich genötigt sah, weitere Prägungen in diesen Sorten zu verfügen.

Zur Ausführung dieser Prägungen ging man an die Errichtung einer eidgenössischen Münzstätte.

Nach einer Übereinkunft mit dem Kanton Bern vom 10. Januar 1855 überließ dieser seine Münzstätte[2]) dem Bunde, der sie im Innern völlig umbaute und am 1. September 1855 in Betrieb nahm. Die Errichtung einer Münzstätte in Bern war durch

[1]) s. Amtl. Sammlung der Bundesgesetze und Verordnungen (abbrev. A. S.), Bd. III, 1853, S. 339. — Diese Prägung wurde mit sehr primitiven Maschinen (teils im Freien) in Bern und Luzern im Jahre 1853 ausgeführt. (Bdbl. 1854, II, S. 411 ff.)

[2]) A. S. Bd. V, 1857, S. 48. — Beschlüsse usw. zur Errichtung der Münzstätte finden sich: A. S. Bd. I, S. 47; Bdbltt. 1854, I, 236; A. S. IV. 1854, S. 19. — Verordnung über die Organisation der eidgen. Münzstätte vom 26. Dez. 1854 (A. S. V, 29.), erneuert am 17. März 1860 (A. S. VI, 463). — Münzdirektor war seit 1. Juni 1855 Dr. Custer aus St. Gallen, seit 26. Febr. 1858 Dr. F. Korn aus Mainz, seit 28. Febr. 1859 bis zum Jahre 1881 Alfred Escher aus Zürich.

die Neuprägungen und den notwendigen Ersatz für abgeschliffene Billon- und Kupfermünzen nötig geworden. Eine weitere Vergebung nach Frankreich hätte jede Prägung unnötig verteuert und die Abhängigkeit von Frankreich vergrößert. Außerdem war man mit den Prägungsresultaten von Paris und Straßburg 1851/52 nicht sehr zufrieden.

Die Münzstätte begann ihre Tätigkeit mit der Prägung von 1½ Mill. Einrappenstücken, die am 24. Jan. 1854 bereits beschlossen worden war.[1])

Als die vom Nationalrat zur Prüfung der Frage der Errichtung einer Münzstätte eingesetzte Kommission am 24. Januar 1854 ihren Bericht[2]) erstattete, unterzog sie auch die Lage der Geldverhältnisse nach der Schaffung des schweizerischen Münzwesens einer eingehenden Besprechung.

In derselben wird von einer Prägung von Silbergeld trotz des starken Mangels abgeraten. Der Preis des Silbers stand nämlich damals auf 223,42 Fr. pro kg fein,[3]) in der Schweiz noch etwas höher, während dem Feingehalt des Silbergeldes abzüglich des Schlagsatzes ein Preis von 218 Fr. entsprach. Man hätte also auf jedes kg ein Agio von 5,42 Fr. bezahlen müssen. Die Kommission empfahl daher mit Recht von Silberprägungen abzusehen.

Dem Mangel an Billon- und Kupferscheidegeld wollte die Kommission durch Aufhebung der Einlösbarkeit dieser Geldsorten nach Art. 11 des Münzgesetzes abhelfen. Sie erfuhr nämlich, daß in den eidgenössischen Kassen eine Summe von über 1,6 Mill. Fr. in 20-, 10-, 5- und 2-Rappenstücken liege und schloß daraus, daß der Mangel von einer Stauung des Kleingelds in den öffentlichen Kassen herrühre. Diese schob man auf die Möglichkeit, Billon- und Kupfermünzen in Silbergeld einzuwechseln, indem man behauptete, kleine Gewerbetreibende, Krämer und Händler benutzten diese Gelegenheit sehr häufig, um das eingenommene Kleingeld abzuschieben. Die Kassierer der Hauptzoll- und Post-

[1]) A. S. IV, S. 22. [2]) Bdbltt. 1854, I, 646.

[3]) Nach den Statistischen Tabellen zur Währungsfrage der österreichisch-ungarischen Monarchie, 1892 S. 32/33, Tab. 16.

kassen gäben dann diese Sorten nicht wieder aus, da sie bald zur Einwechselung wieder an die Kasse zurückflössen und sie die Arbeit des Nachzählens scheuten, sondern sendeten dieselben an die eidgenössische Zentralkasse in Bern. Auf diese Weise mangele das Kleingeld im Verkehr und staue sich in den Kassen.

Die Bundesversammlung forderte den Bundesrat zur Berichterstattung und Antragstellung im Sinne der Kommission auf.[1]) Im Juli 1854 legte derselbe einen Bericht vor. Er wandte sich energisch gegen jede Änderung des Art. 11,[2]) indem er behauptete, die Einwechselungsmöglichkeit sei „die moralische und rechtliche Grundlage des Münzsystems",[3]) ihre „Aufhebung wäre Rücknahme der Gewährleistung", die der Staat durch sein Gepräge übernommen habe, denn auf ihr „beruhe der Kredit des Geldes"!

Man glaubte also, die unterwertigen Münzen seien nur deshalb Geld, weil sie Anweisungen auf vollwertiges Kurantgeld seien. Die Geltung dieser Münzen beruht aber auf dem Befehl des Münzgesetzes, daß sie 20, 10 usw. Rappen gelten. Ihre Einlösbarkeit ist eine Eigenschaft der Münze, nicht eine Vorbedingung ihrer Geltung.

Die Bundesversammlung schloß sich den Ansichten des Bundesrats an, man ließ den Art. 11 wie er war, erleichterte aber durch eine Verordnung vom 11. Sept. 1854[4]) die Einlösung. Die Auswechselungskassen wurden vermehrt, den Sendungen Porto-Erleichterung verschafft.

Von der neuen Einrichtung wurde aber geradeso selten Gebrauch gemacht, wie von der alten.[5]) Die Zahl der Einwechselungsbegehren stieg nicht.

Der Mangel an Kleingeld im Verkehr blieb nach wie vor, und die Staatskassen klagten immer noch über die Stauung dieser

[1]) A. S. IV, 1854, S. 245.

[2]) Bericht v. 15. Juli 1854 (Bdbltt. 1854, III, 355).

[3]) Bdbltt. 1855, I, 644. [4]) Bdbltt. 1854, III, 300.

[5]) Nach dem Geschäftsbericht des Finanzdepartements (abbrev. Geschber. d. Findep.) von 1854 (Bdbltt. 1855, I, 644) wurde 1854 in 5 Kantonen während 7 Monaten nur für 33 602 Fr. eingewechselt und später auch nicht mehr.

Münzen. Aus diesem Umstand erhellt, daß die Gründe der Erscheinung an anderer Stelle zu suchen sind.

Vorläufig glaubte man jedoch durch vermehrte Prägungen abhelfen zu können. Daher wurden von 1856—1860 noch weitere 3 Mill. Ein- und noch $4^1/_4$ Mill. Zwanzigrappenstücke ausgeprägt.[1])

Die erwähnte Kommission des Nationalrats befaßte sich, da der Ständerat am 20. Jan. 1854 den Bundesrat aufgefordert hatte, die Einführung des Goldgeldes in Erwägung zu ziehen, auch mit dieser Frage. Sie beantragte Tarifierung des „im Einklang mit dem schweizerischen Münzsystem"[2]) befindlichen Goldgeldes und ev. eigene Prägung von Goldmünzen. Dieses Goldgeld war das der Frankenländer, soweit sie Goldmünzen prägten.

Schon während der Münzreform hatte sich neben dem Abfluß des Silbergeldes ein starkes Einströmen französischer Goldmünzen zu 20 und 10 Fr. gezeigt. Dieser Goldzufluß, der noch fortwährend anhielt, kam aus den französischen Münzstätten,[3]) nach denen damals das Goldmetall stark hinströmte.

Der Abfluß des Silbergeldes erklärt sich aus verschiedenen Gründen. Wie unten näher zu zeigen ist, wurde damals sehr viel Silber, das man dem französischen Silbergeldumlauf entnahm, nach Indien ausgeführt.

Ferner stieg die Ausfuhr von Silbergeld nach China. Dort war es infolge des Taipingaufstandes sehr unsicher, Waren in das Innere zur Bezahlung gegen ausgeführte Waren zu entsenden. Daher war es leichter und sicherer, Tee, Seide usw. sofort mit Silber zu bezahlen.

Auch war 1853/54 aus Frankreich sehr viel Silber in Münzen nach Amerika versandt worden, um das von dort während des Mißerntejahrs 1853 bezogene Getreide zu bezahlen.

Aus diesen drei Gründen war das Silbergeld sehr gesucht und wurde daher auf dem Geldmarkte teurer. Es erhielt ein Agio und floß ab.

---

[1]) A. S. V. 1857, S. 231. — Bdbltt. 1859, I, 677; Bdbltt. 1860, II, 304; Bdbltt. 1861, I, 611. — A. S. VI, 445.

[2]) Bdbltt. 1854, I, 643. [3]) Das Gold war dort frei ausprägbar.

Da die Schweiz nun, wie im § 4 dargelegt, fast nur französisches Geld benutzte, so rückte das französische Goldgeld, wie in Frankreich selbst, in die durch den Silberabfluß entstandene Lücke ein. Immerhin war dies 1853/54 noch nicht in hohem Maße der Fall.

Die Bundesversammlung forderte jedoch trotzdem am 8. Februar 1854 einen Bericht[1]) vom Bundesrat über die Frage der Goldtarifierung. Dieser lehnte in seinem Bericht vom 14. Juli 1854[2]) nach eingehender Erörterung der Lage aus prinzipiellen Gründen eine Tarifierung der französischen Goldmünzen ab. Der Ständerat schloß sich dem zwar an, legte dem Bundesrat aber nahe, einen je nach dem Marktpreis des Goldes veränderlichen Kurs für die Annahme der französischen Goldmünzen an den öffentlichen Kassen aufzustellen.[3])

Eine solche Erklärung des Kassenkurses war natürlich gleichbedeutend mit der Aufnahme in das Geldsystem. Die Annahme zu dem Kurswert wäre einem Rückfall in eine gänzlich pensatorische Zahlungsart gleichgekommen.

Am 18. Dez. 1854 beschloß[4]) deshalb auch die Bundesversammlung „in die Frage über die Tarifierung des Goldes nicht einzutreten".

Der wichtigste Grund dieser Ablehnung war der, daß die Lage keineswegs geklärt war. Von den drei genannten Gründen des Silberabflusses waren die beiden letzten ihrer Natur nach vorübergehend. Der Goldzufluß bestand außerdem in seiner außerordentlichen Höhe erst seit drei Jahren, und man erwartete einen starken Preisrückgang dieses Metalls. Auch wollte man die eben erst mit bedeutenden Geldopfern eingeführte Silberwährung nicht sofort umstoßen. Allerdings wurde gerade diesem Einwand entgegengehalten, die Schweiz müsse Frankreichs Münzwesen, von dem sie einen Flügel (das Silberkurantgeld) mitbenutze, völlig nachahmen und könne nicht selbständig vorgehen.

Die tatsächliche Lage der Geldverhältnisse in der Schweiz wurde nun von 1853 bis 1859 allmählich folgende:

[1]) A. S. IV, 56. [2]) Bdbltt. 1854, III, 311. [3]) Bdbltt. 1855, I, 1.
[4]) A. S. V, 13.

Wie erwähnt, hatte sich schon 1851/52 ein Mangel an Kleingeld zu 1 bis 20 Rappen, dann sehr bald auch ein Mangel an Silbergeld zu 1/2 bis 5 Fr. gezeigt. Dem ersteren suchte man durch die Mehrprägungen und die Erleichterung der Einlösung abzuhelfen. Den letzteren beseitigte im Verkehr unter Privaten tatsächlich das Goldgeld aus Frankreich, das jedoch nicht schweizerisches Geld war.

Woher kam diese Lage: Mangel an Silbergeld, Mangel an Scheidegeld im Verkehr, Stauung desselben in den öffentlichen Kassen und Überfluß an fremdem, nicht gesetzlichem Goldgelde?

Der Silbergeldabfluß hielt während der fünfziger Jahre in gleicher Stärke an. Der erste Anstoß zu einer erhöhten Nachfrage nach Silber auf dem Edelmetallmarkte ging von Holland aus. Dieses hatte durch das Gesetz vom 26. Sept. 1847 bei sich die Goldmünzen abgeschafft und eine reine Silberwährung mit Barverfassung des Silberguldens eingeführt.[1]) Infolgedessen strömte Silber in Barren und fremden Münzen in die holländischen Münzstätten. 1852—60 wurde dort für etwa 120 Mill. Gulden Silber ausgeprägt[2]).

Kurz darauf erhielt das Silbermetall eine noch weit größere Nachfrage. Die Furcht der indischen Regierung, infolge der Entdeckung der kalifornischen Goldfelder möchte eine Entwertung des Goldes eintreten, veranlaßte sie, den Mohurs, einer indischen Goldmünze, den Kassenkurs zu verweigern. Damit führte Indien am 22. Dez. 1852 bei sich eine reine Silberwährung mit Barverfassung der Silberrupie ein.[1])

Seitdem stiegen die Silberausprägungen in Indien außerordentlich. Es betrug (in Mill. Fr.)[3])

im Jahre:	die Silbereinfuhr		die Silberprägung
1851	42,04	Ausfuhr durchschnittl. 17,22 Mill. Fr.	75,56
1852	108,66		95,15
1853	141,18		115,06
1854	134,62		96,62

[1]) Handw. d. Staatsw. Lexis, Art. Silber, S. 734 ff.

[2]) Soetbeer, Materialien, 1886, S. 28. [3]) Ebendort, S. 40.

im Jahre:	die Silbereinfuhr	Ausfuhr durchschnittl. 17,22 Mill. Fr.	die Silberprägung
1855	35,00		29,34
1856	178,94		225,31
1857	276,44		312,33
1858	321,63		335,25
1859	167,02		214,72
1860	273,59		309,27

In diesen Jahren betrug die Mehrausfuhr von Silber aus Frankreich im jährlichen Durchschnitt 138,96 Mill. Fr. Dieser Mehrausfuhr steht eine Ausprägung von durchschnittlich 26,23 Mill. Fr. (1851—60) aus eingeführtem Silber gegenüber. Daraus geht klar hervor, daß nicht nur alles eingeführte Silbermetall, nicht nur alles neu ausgeprägte Silbergeld, sondern auch ein großer Teil des bereits vorhandenen Silbergeldes aus Frankreich abfloß.

Die Stärke dieser Silberausfuhr spiegelt sich in dem Platzpreis des kg $^{10}/_{10}$ feinen Silbers in Paris wieder. Je höher die Nachfrage nach Silber, d. h. also je größer das Ausfuhrbedürfnis, desto höher der Silberpreis, desto höher das Agio auf 1 kg Silber. Es betrug[1])

im Jahr:	Der Platzpreis für 1 kg fein Silber in Paris:	Das Agio über dem Münzpreis von 220,56 Fr.:	Das Wertverhältnis von Gold zu Silber in London:
1851	221,29 Fr.	0,73 Fr.	1 : 15,46
1852	222,39 „	1,83 „	1 : 15,58
1853	222,17 „	1,61 „	1 : 15,33
1854	223,42 „	2,86 „	1 : 15,33
1855	221,85 „	1,29 „	1 : 15,36
1856	223,50 „	2,94 „	1 : 15,34
1857	225,56 „	5,00 „	1 : 15,27
1858	221,92 „	1,36 „	1 : 15,36
1859	224,05 „	3,49 „	1 : 15,21
1860	223,46 „	2,90 „	1 : 15,30
1851-60	222,67 Fr.	2,11 Fr.	1 : 15,35

[1]) Nach den Statistischen Tabell. z. Währungsfrage d. öst.-ung. Monarchie, 1892, S. 32,33, und nach Soetber, Materialien, S. 22.

Bei einer solcher Lage des Edelmetallmarktes, bei der man auf dem freien Markte 2,11 Fr. pro kg mehr erhielt, als bei dem Verkauf an die Münzstätten, mußte das Silbergeld natürlich in Massen eingesammelt und als Barrensilber verkauft werden.

Zu diesen beiden dauernden Gründen des Silbergeldabflusses, der Einführung der Freiprägung des Silbers in Holland und in Indien, kamen nun noch verschiedene Umstände der damaligen politischen Lage.

Bis 1860 und noch länger dauerte die Unsicherheit in China an und erforderte starke Silbergeldsendungen zur Bezahlung der Ausfuhr. Das gleiche galt für Niederländisch-Indien und die britische Kriegführung gegen die Sepoys. Auch die Kriegführung der Westmächte auf der Krim 1854/55 verlangte starke Silbersendungen. Doch ist dieses Silbergeld auf dem Handelswege später wieder zurückgeflossen.

All' diese Erscheinungen riefen den Abfluß des Silbergeldes aus Frankreich seit 1852 hervor. Von diesem Silbergeldabfluß wurden aber naturgemäß alle Frankenländer, also auch Belgien, Sardinien und die Schweiz betroffen. So wurde in der Schweiz das Silbergeld zu $^1/_2$ bis 5 Fr. sehr selten, und es trat ein empfindlicher Mangel an groben Geldsorten für größere Zahlungen ein.

Dieser Mangel wurde geheilt durch den starken Zufluß an französischem Goldgeld.

In der französischen Geldverfassung war nach dem Gesetz vom 28. März 1803 das Silber und das Gold frei ausprägbar. Das Wertverhältnis zwischen ihnen wurde auf 15,5 : 1 festgelegt. Man hatte jedoch dem Golde nur eine untergeordnete Stellung geben wollen,[1]) da man eine Silberwährung beabsichtigte. Es war in dem Gesetz ausdrücklich bestimmt: „si des circonstances impérieuses forcent à changer cette proposition (15,5 : 1), les pièces de monnaie d'or seulement seront réfondues“.

---

[1]) Napoleon I. wünschte entsprechend dem Louis d'or einen Napoleon d'or. Darauf ist das Goldgeld zurückzuführen (Michel Chevalier im Journal des Debats v. 18. Nov. 1855, zit. Bdbltt. 1860, I, 138.).

So hatte man auch von 1815—50 nur für 751,4 Mill. Fr. Goldgeld ausgeprägt. Als aber das Gold auf dem Edelmetallmarkte häufiger wurde, brachte man es mit Vorliebe in die französischen Münzstätten, die jede beliebige Menge zu festem Preis pro kg annehmen und zu Geld ausprägen mußten. Auf diese Weise kamen die zahlreichen 5-, 10-, 20-, 40-, 50- und 100-Frankenstücke aus Gold in den Verkehr.

Der Goldstrom, der im Anfang der fünfziger Jahre nach Europa floß, kam aus den kalifornischen und australischen Goldfeldern, deren Ausbeute 1849 bezw. 1852 enorm zu steigen begann.

Dieselbe betrug (in Mill. Fr.) [1])

im Jahre:	in Kalifornien:	in Australien:
1848	52,3	—
1849	209,5	—
1850	261,9	—
1851	288,0	35,7
1852	314,2	310,5
1853	340,4	329,2

alsdann in gleicher Höhe weiter.

Die durchschnittliche Jahresproduktion der ganzen Erde an Gold betrug (in Mill. Fr.)[2])

1841—1850	190,97 Mill. Fr.
1851—1855	695,38 „ „

alsdann in gleicher Höhe weiter.

Davon kamen auf die Produktion der Vereinigten Staaten von Nordamerika und Australiens durchschnittlich jährlich 552,34 Mill. Fr.

In den Jahren 1851—60 betrug die durchschnittliche jährliche Mehreinfuhr von Goldmetall in Frankreich 318,43 Mill. Fr.[3])

Die Goldausprägungen in Frankreich betrugen[4])

---

[1]) Handw. d. Staatswiss. Lexis, Gold und Goldwährung.

[2]) Soetbeer, Materialien, 1886, S. 1.

[3]) Ebendort, S. 58.

[4]) Ebendort, S. 27.

1851	für	269,70	Mill.	Fr.	1856	für	508,28	Mill.	Fr.
1852	„	27,02	„	„	1857	„	572,56	„	„
1853	„	312,96	„	„	1858	„	488,68	„	„
1854	„	526,52	„	„	1859	„	702,69	„	„
1855	„	447,42	„	„	1860	„	428,45	„	„

Daß dieses Goldgeld in Frankreich an die Stelle des abfließenden Silbergeldes trat, ist nicht verwunderlich. Dort war das Goldgeld Kurantgeld, gesetzliches Zahlungsmittel.

Nicht so in der Schweiz. Hier war das Goldgeld aus den oben genannten Gründen nicht in das Geldsystem aufgenommen. Die einseitige Synchartalität erstreckte sich nur auf die französischen Silbergeldstücke.

Gleichwohl aber benutzte man das fremde Goldgeld als Zahlungsmittel unter Privaten. Dies hatte seinen Grund in der völlig autometallistischen Auffassung der Zeit vom Geldwesen. Da man den französischen Silberfranken als gesetzliches schweizerisches Geld gebrauchte, sah die Masse des Publikums keinen Grund, weshalb man das dem gleichen System angehörende Goldgeld abweisen sollte. Die Menge glaubte an ein festes Wertverhältnis von Gold zu Silber = 15,5 : 1, sie glaubte, die Werteinheit sei eine Metallmenge Silber.

Diese Annahme des Goldgeldes schloß vorläufig kein Risiko in sich, man wurde ja stets durch den Metallgehalt des Zehnfrankenstückes real befriedigt. Wie aber wäre es gewesen, wenn das Gold plötzlich durch Entwertung auf dem Edelmetallmarkte die Hälfte seines Wertes verloren hätte? Der Staat, die Eidgenossenschaft, war zu keinem Ersatz alsdann verpflichtet.

Wie weit der Umlauf des französischen Goldgeldes ging, zeigt die Betrachtung des damaligen Geldumlaufs der Schweiz. [1])

Während 1852 im schweizerischen Geldverkehr nur sehr selten ein Goldstück zu sehen war, bestand der Umlauf 1859 zu $^9/_{10}$ aus Goldmünzen. Es war fast kein schweizerisches Kurantgeld

[1]) Auf Grund von Gutachten (Bdbltt. 1856, II, 139 ff.), die der Bundesrat 1856 einforderte, und eines Berichtes an die Bundesversammlung vom 30. Dez. 1859 (Bdbltt. 1860, I, 33).

mehr zu sehen, und man gewöhnte sich derart an die fremden Goldmünzen, daß man an der Ungesetzlichkeit derselben gar keinen Anstoß nahm. So leistete man bald auch diejenigen Zahlungen, die nach dem Münzgesetz nur in schweizerischem, gesetzlichem Gelde ausgeführt werden durften, z. B. die Lohnzahlungen (Art. 8, Abs. 3), in französischem Goldgelde.

Bisher hatten die schweizerischen Banken in Zeiten besonderen Geldbedarfs ihren Vorrat an Kurantsilbergeld (5, 2, 1 Fr.) durch Entziehung von Silbergeld aus den Filialen der „Banque de France“ in Mülhausen, Besançon und Lyon gedeckt und ergänzt. Der Silberabfluß nötigte die französischen Banken, ihr Silbergeld nur gegen ein Agio abzugeben. Die schweizerischen mußten dasselbe jedoch z. B. bei der Einlösung von Banknoten, al pari abgeben, erlitten also einen Verlust.

Dieser Zustand verschlimmerte sich noch, als die Banque de France infolge des immer stärkeren Silberabflusses ihren östlichen Filialen verbot, Silbergeld abzugeben.[1]) Die schweizerischen Banken konnten sich nun nur noch Goldgeld verschaffen, und große Geldbeträge konnten von jetzt ab überhaupt nicht mehr in gesetzlichem Gelde, sondern nur noch in französischem bezahlt werden.

Man löste Banknoten in Gold ein, mußte Silberdepositen in Gold zurückbezahlen. Dabei war der Empfänger der Zahlung jederzeit in der Lage, das Goldgeld zurückzuweisen und Silbergeld zu verlangen.[2])

Um sich vor dieser Notlage und ihren ev. Konsequenzen zu schützen, begann man zuerst bei Geldverträgen die Möglichkeit der Zahlung in französischem Goldgelde sich vorzubehalten. Später machte man eine solche ausdrücklich mit dem Gläubiger ab. So ließ z. B. 1855 die Kantonalbank von Bern auf ihren größeren Noten durch einen Stempel den Vermerk anbringen,[3]) daß sie sich die Einlösung in französischem Goldgeld vorbehalte, statt in schweizerischem Silbergeld.

[1]) Bdbltt. 1856, II, 147.
[2]) Darüber kam es sogar verschiedentlich zu Prozessen.
[3]) Bdbltt. 1856, II, 158.

Später schloß man Geldverträge überhaupt nur in „französischer Währung" ab. Voran gingen die Notenbanken, die ihre Noten auf „francs de France" ausstellten. Daher bildete sich der Ausdruck „Bankwährung", gleichbedeutend mit „französische Goldwährung". Auf solche lauteten die Wechsel, die Löhnungen, die Lieferungsverträge usw.

Dieses Vorgehen war natürlich ungesetzlich, aber, da kein gesetzliches, schweizerisches Kurantgeld da war, so nahm man eben das französische. Die schweizerische Silberwährung stand auf dem Papier, und es herrschte unter dem Namen Bankwährung die französische Goldwährung.

War dies zuerst nur bei Zahlungen unter Privaten der Fall, so wurde es bald auch bei Zahlungen an den Staat gebräuchlich. Zuerst benutzte man für diese das nach Abfluß des Silbergeldes noch vorhandene gesetzliche Geld: die Billon- und Kupfersorten zu 1 bis 20 Rappen. Diese konnte man ja bis zum Nennwert von 20 Fr., bezw. 2 Fr. als Zahlungsmittel verwenden.

Die Zahlungen an den Staat, wie Steuern, Gebühren, Abgaben sind ihren einzelnen Beträgen nach naturgemäß nicht sehr groß; vielmehr bestehen die Staatseinnahmen aus sehr vielen kleinen Zahlungen. Für diese konnte man das Scheidegeld benutzen, dessen viel zu hoch angesetzte kritische Höhe in der Annahme sich jetzt rächte.

Von dieser Möglichkeit machte man wohl oder übel sehr häufig Gebrauch, so daß sich das Scheidegeld bald in den öffentlichen Kassen anhäufte, staute und im freien Verkehr mangelte. Dasselbe mußte eben eine Aufgabe erfüllen, für die es seiner Natur nach gar nicht geschaffen war. Einmal sollte es die Stelle der verschwundenen ½-, 1- und 2-Frankenstücke ausfüllen, zum andern, soweit es möglich war, die Zahlungen an den Staat vermitteln. Indem das Scheidegeld diese Aufgaben erfüllte, ging es aber seiner eigentlichen Zweckbestimmung, für die Zahlungen unter 1 Fr. zu dienen, verloren. Es floß in die öffentlichen Kassen ab.

Aus diesen kam es aber nur in verschwindenden Mengen

5*

wieder zum Vorschein. Die Zahlungen, die der Staat zu leisten hat, sind ihren einzelnen Beträgen nach naturgemäß höhere, z. B. Gehälter, Zahlungen für Bauten, Lieferungen usw. Bei jedem einzelnen dieser im Gegensatz zu den Einnahmeposten sehr wenig zahlreichen Ausgabeposten konnte nur bis zu einer Gesamthöhe von 22 Fr. Scheidegeld aufgedrängt werden. Daher blieb das Scheidegeld in den Kassen liegen.

Dies ist der Grund, aus dem sich das Scheidegeld in den Kassen staute und im Verkehr mangelte.

Nicht die Ausprägungen an Kleingeld waren zu gering, nicht die Einlösung erschwert, sonst wäre nach den starken Prägungen der fünfziger Jahre und der Erleichterung der Einwechselung der Mangel beseitigt gewesen. Daß dies, wie man damals glaubte, nicht die Gründe waren, beweist die Tatsache, daß einerseits die Einlösungssumme durchaus nicht zunahm, und daß anderseits, als das fehlende Silbergeld ersetzt war, sich ein Überfluß an Billon- und Kupfermünzen zeigte.

Der Grund zu beiden Erscheinungen lag in dem durch den Silberabfluß hervorgerufenen Fehlen eines gesetzlichen Kurantgeldes von 1 und mehr Fr. Nennwert.

Bald konnten sich auch die öffentlichen Kassen nicht mehr gegen die Annahme des französischen Goldgeldes wehren. Man besaß keine anderen Zahlungsmittel; der Staat, dem die Sorge für die Beschaffung derselben nicht nur ein Recht, sondern auch eine Pflicht sein mußte, stellte seinen Bürgern nicht das nötige Geld für den Zahlungsverkehr zur Verfügung: womit sollte man bezahlen?

1859 waren die eidgenössischen Kassen voll französischem Goldgelde. Die Silberwährung der Schweiz war verschwunden. —

Der Antrag auf Tarifierung des französischen Goldgeldes war bereits 1856 zum zweitenmal gestellt worden. Der Bundesrat legte am 25. Juni 1856 eine Botschaft[1]) der Bundesversammlung vor, riet aber auch diesesmal von einer Tarifierung ab und empfahl, das Vorgehen Frankreichs abzuwarten. Die

---

[1]) Bdbltt. 1856, II, 139.

Bundesversammlung beschloß darauf am 21. Juli 1856 „auch dermalen in die Tarifierung des Goldes nicht einzutreten“.[1])

Die genannte Botschaft enthielt die eingeholten Gutachten aller wichtigeren Geldinstitute, Handelskammern, Banken, einzelner Autoritäten, Regierungen, Zeitungen usw. Zum Teil wünschte man in denselben Tarifierung und Selbstausprägung von Gold, z. T. einen wechselnden Tarif nach dem Marktpreis, z. T. ein Festhalten an der reinen Silberwährung.

Trotz der Abweisung der Bundesversammlung drängte sich doch allgemein die Überzeugung auf, daß man so oder so einmal das Goldgeld in sein Münzsystem aufnehmen müsse. 1854 hatten einige Stimmen bereits die Goldwährung gefordert, 1856 war man sich über die Notwendigkeit derselben einig. Nur der Weg war noch streitig.

Der Zustand wurde jedoch immer schlimmer und erheischte schleunige Abhilfe. Die Eidgenossenschaft mußte versuchen, auf ihr Geldwesen, soweit es der Münzparasitismus bei Frankreich gestattete, wieder einigen Einfluß zu gewinnen.

So forderte die Bundesversammlung am 19./20. Juli 1859 den Bundesrat auf, über die Beseitigung des Mangels an Scheidegeld und die Einführung der Goldwährung einen Gesetzentwurf vorzulegen. Nach Einholung zahlreicher Gutachten überreichte dieser am 30. Dez. 1859 eine Botschaft der Bundesversammlung und schlug neben der Goldtarifierung zum Nennwert die Prägung eines Fünfzigrappenstückes aus Billon vor.

Der Nationalrat verlangte durch eine hierfür gewählte Kommission die Vorlage eines Gesetzentwurfes über die Ausprägung von Scheidegeld zu 1/2, 1 und 2 Fr.[2]) Dies geschah; mit größter Beschleunigung wurden die Vorlagen beraten und von der Bundesversammlung am 30./31. Jan. 1860 zum Gesetze erhoben.[3])

---

[1]) A. S. V, 1857, 357. — Am 24. Jan. 1857 war auch im Wiener Münzvertrag „Festhalten an der reinen Silberwährung“ beschlossen worden (Helfferich, Geld u. Banken, I. S. 127).

[2]) Bdbltt. 1860, I, 121.

[3]) A. S. 1860, VI, 442.

Das neue Münzgesetz betreffend die teilweise Abänderung des Bundesgesetzes über das eidgenössische Münzwesen lautete folgendermaßen:

Art. 1. Die französischen Goldmünzen, welche im Verhältnis von einem Pfund fein Gold zu fünfzehn und einem halben Pfund fein Silber ausgeprägt sind, werden für solange, als sie in Frankreich zu ihrem Nennwerte gesetzlichen Kurs haben, ebenfalls zu ihrem Nennwerte als gesetzliches Zahlungsmittel anerkannt.

Diese Bestimmung gilt auch für die von anderen Staaten in vollkommener Übereinstimmung mit den entsprechenden französischen Münzsorten ausgeprägten Goldmünzen.

Der Bundesrat wird nach vorheriger Untersuchung bestimmen, welche ausländischen Goldmünzen vorstehenden Bedingungen entsprechen und als gesetzliches Zahlungsmittel anzuerkennen sind.

Art. 2. Die Zwei-, Ein- und Halbfrankenstücke werden fortan als bloße Silberscheidemünzen ausgeprägt; sie erhalten, wie die bisherigen Stücke so viel Mal das Gewicht von 5 Grammen, als ihr Nennwert es ausspricht; dagegen sollen sie nur acht Zehnteile ($^8/_{10}$) feines Silber enthalten.

Art. 3. Die erlaubte Fehlergrenze im Feingehalt, wie im Gewichte der neuen schweizerischen Zwei-, Ein- und Halbfrankenstücke ist die in den Art. 5 und 6 des Bundesgesetzes über das eidgenössische Münzwesen vom 7. Mai 1850 festgesetzte.

Der Durchmesser dieser Münzen verbleibt der gleiche, wie für die entsprechenden bisherigen schweizerischen Münzsorten.

Art. 4. Niemand ist gehalten, mehr als zwanzig Franken an Wert in Silberscheidemünze anzunehmen.

Art. 5. Der Bundesrat wird entscheiden, ob und welche fremde Silberteilmünzen im Verkehre zuzulassen seien.

Art. 6. Die nach dem Gesetze über das eidgenössische Münzwesen vom 7. Mai 1850 ausgeprägten schweizerischen Silbermünzen von Zwei-, Ein- und Halbfranken (50 Rappen) sind in den vom Bundesrat zu bestimmenden Fristen und Formen aus dem Verkehr zurückzuziehen.

Art. 7. Die gemäß dem gegenwärtigen Gesetze ausgeprägten schweizerischen Silberscheidemünzen können bei den hiefür bezeichneten Kassen gegen gesetzliche grobe Münzsorten nach Maßgabe von Art. 11 des Bundesgesetzes über das eidgenössische Münzwesen vom 7. Mai 1850 umgewechselt werden.

Art. 8. Aus den bei den neuen Münzprägungen sich ergebenden Einnahmeüberschüssen ist ein Reservefond zu bilden, aus dem je nach Erfordernis die Kosten ganz oder teilweise gedeckt werden sollen, welche die Einlösung abgenutzter Schweizermünzen nach Art. 13 des Bundesgesetzes über das eidgenössische Münzwesen zur Folge haben wird. Die Zinsen dieses Reservefonds sollen zum Kapital geschlagen werden.

Art. 9. Die Menge der zu prägenden Münzen wird jeweilen, wie für die übrigen schweizerischen Münzsorten, im Voranschlage festgesetzt werden.

Art. 10. Das gegenwärtige Gesetz tritt sofort in Kraft, und der Bundesrat ist mit der Bekanntmachung und Vollziehung desselben beauftragt.

In dem Bundesratsbeschluß betreffend die als gesetzliche Zahlungsmittel anzunehmenden Goldmünzen vom 2. März und 11. Mai 1860[1]) werden als solche bezeichnet

die französischen Stücke zu:	die sardinischen Stücke zu:
100 Fr.	100 Fr.
50 „	80 „
40 „	50 „
20 „	40 „
10 „	20 „
5 „	10 „

In Ausführung des Art. 2 des Gesetzes wurden in den Jahren 1860 bis 1863 für 11 Mill. Fr. neue Silberscheidemünzen geprägt, nämlich $3^1/_2$ Mill. Zwei- und 4 Mill. Einfrankenstücke.[2])

Bei diesen Prägungen verschaffte sich die Münzstätte das

[1]) A. S. VI, 461 bezw. 479.

[2]) A. S. VI, 445. — Bdbltt. 1861, I, 610; 1862, II, 425; 1863, II, 393; 1864, I, 655. — Ueber den Stempel vgl. A. S. VI, 526.

nötige Silber durch Einziehung[1]) und Einschmelzung von alten $^{9}/_{10}$ feinen Silbermünzen eidgenössischen Gepräges zu 2, 1 und $^{1}/_{2}$ Fr. und durch Ankauf von französischen Fünffrankenstücken.[2])

Nachdem sich 1862 ein Rückströmen von Billonmünzen in die eidgenössischen Kassen gezeigt hatte,[3]) verlangsamte man die Silberprägungen.[4]) Ende 1863 stellte man sie ganz ein[5]) und prägte in den Jahren 1863 bis 1870 nur noch $4^{1}/_{2}$ Mill. Ein- und $1^{1}/_{2}$ Mill. Zweirappenstücke[6]) aus, um die durch das Verschwinden der kleinen Münzen entstehenden Lücken auszufüllen.[7]) —

Wir versuchen nun die Änderungen, die das Münzgesetz vom 31. Januar 1860 in dem schweizerischen Geldsystem hervorrief, zu beschreiben.

Die Zusammensetzung des neuen Geldsystems zeigt für eine neue Geldart das Verhältnis einseitigen Synchartismus. Das Goldgeld Frankreichs und Sardiniens war zu schweizerischem Gelde erklärt. Daher bestand ein einseitiger Synchartismus zwischen der Schweiz und Frankreich und Sardinien.

Für dieses Verhältnis gilt alles im § 4 über die Zusammensetzung des Silbergeldes Gesagte in der gleichen Weise. Seit 1860 besteht in der Schweiz ein Münzparasitismus in bezug auf das französische Goldgeld, geradeso wie seit 1852 ein solcher inbezug auf das Silbergeld der Frankenländer. Nur geht bei dem Goldgelde die parasitäre Benutzung noch weiter, da keinerlei eidgenössische Goldmünzen ausgeprägt wurden. Es lief nur Gold mit französischem und sardinischem Gepräge um.

---

[1]) 1861—69 wurden 8 Mill. Fr. eingezogen (Bdbltt. 1870, I, 415).

[2]) Mit einem Agio von 4 ‰ (Bdbltt. 1862, II, 425).

[3]) Bdbltt. 1863, II, 393.

[4]) Man führte diese Erscheinung später auf die Arbeitsverminderung in den Baumwollspinnereien und Seidenfabriken zurück, die während des nordamerikanischen Bürgerkrieges eintrat (Bdbltt. 1866, I, 147).

[5]) Bdbltt. 1863, III, 794.

[6]) Bdbltt. 1864, I, 655; 1865, II, 313; 1867, I, 1038; 1868, I, 48.

[7]) 1864 wurde die Ausprägung von Goldmünzen mit eidgenössischem Gepräge angeregt, jedoch von der Bundesversammlung abgelehnt (Bdbltt. 1864, III, 303).

Der Grund, der die Eidgenossenschaft veranlaßte, keine eigenen Goldmünzen zu prägen, lag in der gleichen Auffassung, die sie 1852 davon abhielt, ihren Silbergeldbedarf selbst zu decken. Man wollte an den ausländischen Goldgeldbeständen schmarotzen, indem man sich die Abnützungs- und Neuprägungskosten seines Geldes sparen wollte.

Die Schweiz wurde durch die Akzeptation des französischen Goldgeldes auch für das Goldgeld eine Geldprovinz Frankreichs. Aus Art. 1 des Gesetzes vom 31. Januar 1860 geht hervor, daß sie das fremde Gold nur für solange annehmen wollte, als es in Frankreich Kurs zu seinem Nennwerte habe. Setzte also Frankreich sein Goldgeld herab oder außer Kurs, so mußte dies auch in der Schweiz geschehen. Wie abhängig war diese also von ihrem Nachbarn!

In dieses Abhängigkeitsverhältnis war die Schweiz durch ihr Münzsystem und ihr Zuwarten geraten. Im Januar 1860 wurde sie mehr zu der Annahme des fremden Goldes gedrängt und gezwungen, als daß sie noch die Wahl gehabt hätte, wie sie ihr Geldwesen sanieren könne. Früher lag nichts im Wege, daß sie selbst Goldgeld ausprägte. Aber es war eben sehr bequem, das fremde zu gebrauchen, solange es gut war, und, wenn es schlechter wurde, dem Nachbarn zurückzusenden!

In der einseitig synchartalen Stellung des Silbergeldes trat keine Änderung ein. Nach wie vor waren die Silbergeldsorten der Frankenländer zu 5, 2, 1, $^1/_2$ und $^1/_5$ Fr. schweizerisches Geld. —

Die platischen Beziehungen des Goldgeldes zum Metall Gold sind diejenigen, die das französische Münzgesetz vom Jahre 1803 festlegte. Das Gold wurde hiernach in einer Feinheit von $^9/_{10}$ so ausgebracht, daß der Gewichtseinheit Silber an Wert das 15,5 mal kleinere Gewicht Gold entsprach. Der Goldfranken hätte also $\frac{4{,}5}{15{,}5}$ gr Gold (= 0,29 gr) enthalten müssen. Mit der Legierung hatte das Zehnfrankenstück ein Gewicht von 3,2258 gr, die anderen Goldstücke entsprechend mehr, bezw. weniger.

Geändert wurde 1860 die platische Beschaffenheit der 2-, 1- und $^1/_2$-Frankenstücke. Durch die Art. 2 und 3 des neuen Gesetzes war bestimmt, daß dieselben bei gleichem Gewicht, wie bisher (5 gr auf jeden Fr. der Geltung), nur $^8/_{10}$ feines Silber enthalten sollten. Dadurch wurden die Stücke eidgenössischen Gepräges zu $^1/_2$ bis 2 Fr. seit 1860 unterwertig.

In genetischer Beziehung gilt für das Goldgeld das gleiche, wie für das Silbergeld von 1852 (vergl. § 4). Das Gold war in Frankreich frei zu Münzen ausprägbar. Die französischen Münzstätten mußten es in beliebiger Menge nach einer festen Norm ausprägen. Das Goldgeld war daher „bar".

Da die Schweiz als Goldgeldprovinz Frankreichs zu betrachten ist, war das Goldgeld also auch in der Schweiz „bares" Geld, frei vermehrbar. Daß die Münzstätten nicht in der Schweiz, sondern in Frankreich und Sardinien lagen, tut nichts zur Sache.

Das neue Silbergeld der Eidgenossenschaft zu $^8/_{10}$ fein war natürlich rein autogenisches Geld und nicht frei vermehrbar, sondern „notal".

Auch für die dromischen Beziehungen des Goldgeldes zum Metall Gold gilt das gleiche, wie für die des Silbergeldes.

Als Goldgeldprovinz Frankreichs nahm die Schweiz an der Barverfassung des Goldgeldes in Frankreich teil. Durch die Möglichkeit, beliebige Mengen Goldmetall zu festem Preis an die Münzstätten Frankreichs verkaufen zu können, war eine untere Preisgrenze für das Barrengold auf dem Markte geschaffen.

Eine obere Preisgrenze bestand deshalb nur annähernd, weil die abgeschliffenen Goldmünzen nicht eingezogen und durch neue ersetzt wurden. Man schob vielmehr den Verlust dem Inhaber der Münze zu, indem man dieselbe, wenn sie unter das Passiergewicht gesunken, nicht mehr annahm.

Sank der Goldpreis auf dem Londoner Edelmetallmarkte, so strömte das Goldmetall in die Münzstätten, da es dort stets zu 3448,2 Fr. pro kg $^{10}/_{10}$ fein abzüglich des Schlagschatzes (9 Fr.), also zu etwa 3440 Fr. pro kg $^{10}/_{10}$ fein angenommen werden mußte. Alsdann vermehrte sich durch die starken Prägungen der Münzstätten der Umlauf an Goldgeld.

Stieg der Goldpreis in London, so entzog man Goldgeld dem Verkehr, schmolz es ein und verkaufte es als Barrengold auf dem Markte mit Gewinn. Alsdann mußte durch das Einsammeln von Goldmünzen der Umlauf an Goldgeld abnehmen.

In beiden Fällen war die Schweiz, geradeso wie bei dem Silbergeld zu 5 Fr., das nicht verändert wurde, gänzlich von Frankreich abhängig. Die Annahme des Goldgeldes brachte die Schweiz wieder eine Stufe tiefer auf dem Wege zur völligen Abhängigkeit als Geldprovinz ihres mächtigen Nachbarn. —

In der funktionellen Stellung der schweizerischen Geldsorten trat eine erhebliche Änderung ein.

Das Silbergeld zu 2, 1 und $^1/_2$ Fr., das zum Ersatz des abgeflossenen vollwertigen vom gleichen Nennwerte geschaffen war, erhielt den Charakter des Scheidegeldes. Art. 4 des Münzgesetzes vom 31. Jan. 1860 setzte für diese Münzen eine kritische Annahmehöhe von 20 Fr. fest. Dadurch wurde alles Geld eidgenössischen Gepräges zu 2, 1 und $^1/_2$ Fr. in der Schweiz, dessen Betrag sich auf etwa 11 Mill. Fr. belief, zum Scheidegeld herabgedrückt.

Durch Art. 7 des neuen Münzgesetzes wurde bestimmt, daß die neuen Silberscheidemünzen in Beträgen von 50 Fr. an gegen grobe Münzsorten, Goldgeld oder Fünffrankentaler, eingelöst werden sollten. Daher war das neue Silbergeld einlösbares Scheidegeld.

Der Grund zur Schaffung dieses Silberscheidegeldes war der, daß man auf diese Weise hoffte, die Münzen zu 2, 1 und $^1/_2$ Fr. im Verkehr erhalten zu können und vor dem Abfließen nach Indien zu schützen. Da sie unterwertig waren, hatten die Silberhändler kein Interesse mehr an ihrem Metallwert. Die Verwendung als Zahlungsmittel war jetzt vorteilhafter, als diejenige als Silbermetall.

Diese Maßregel, Herabsetzung des Feingehalts bei gleichem Nennwert, war eine sehr weise Ausübung der staatlichen Münzhoheit. Man hatte dabei aus einem hylogenischen ein autogenisches Geld gemacht, denn die Geltung des neuen Silberscheidegeldes beruhte nur auf dem Befehl des Staates über seinen Wert als Zahlungsmittel.

Leider hatte man dabei aber das Fünffrankenstück nicht zur Scheidemünze gemacht, sondern ihm seine Vollwertigkeit und Kurantgeldeigenschaft gelassen. Der Grund hierzu war einmal, daß die Stelle des abgeflossenen Fünffrankenstückes durch das goldene Fünffrankenstück aus Frankreich ausgefüllt war, also ein Bedürfnis einer silbernen Münze zu 5 Fr. fehlte; zum andern wollte man, nachdem schon die Münzeinheit (1 Fr.) unterwertig ausgeprägt werden sollte, doch eine Münze besitzen, die ihrem Metallgehalt nach mit der aufgestellten Münzeinheit von 1850 übereinstimmte.

Solange das Fünffrankenstück so selten war, wie 1859/60, bot diese Belassung des baren Silbergeldes keine Gefahr. Wie aber, wenn eines Tages das Silber auf dem Markte kein Agio mehr zeigte, wenn es im Preise unter 220,56 Fr. pro kg $^{10}/_{10}$ fein sank und dann das Silbermetall in die Münzstätten strömte? Dann mußte eine Überflutung des Verkehrs eintreten, solange man an der Freiprägung des Silbers festhielt.

Das konsequenteste wäre gewesen, man hätte, den gleichen Erwägungen folgend, die 1849/50 von einer Aufnahme des Goldes in das Münzwesen abhielten, alles Silbergeld zu unterwertigem Scheidegeld herabgedrückt. Dann hätte das Silber die gleiche Stellung in dem Geldsystem erhalten, wie Billon und Kupfer, und wäre damit in jeder Hinsicht unschädlich geworden. Es scheinen aber 1859/60 die Ansichten nicht mehr so klar gewesen zu sein, wie die Speiserschen vom Jahre 1849.[1])

Der Homochartismus des eidgenössischen Fünffrankenstückes mit den Frankenländern bestand also noch fort; für die Zwei-, Ein- und Halbfrankenstücke eidgenössischen Gepräges war er durchbrochen. Der einseitige Synchartismus der 5-, 2-, 1- und $^{1}/_{2}$-Frankenstücke aller Frankenländer bestand aber noch fort. Die Schweiz hatte also zweierlei Silberteilmünzen zu 2, 1 und $^{1}/_{2}$ Fr.: silbernes eigenes Scheidegeld mit eidgenössischem und silbernes, einseitig sychartales Kurantgeld mit fremdem und eidgenössischem (v. 1850) Gepräge.

---

[1]) Vgl. oben § 4.

Das Goldgeld Frankreichs und Sardiniens war als schweizerisches Geld uneinlösbares Kurantgeld.

Die Schweiz hatte also zwei Kurantgeldsorten: Das Goldgeld mit französischem und sardinischem, und das Silbergeld zu 1—5 Fr. mit diesem sowie belgischem und eidgenössischem[1]) Gepräge. Sie hatte Silberscheidegeld eidgenössischen Gepräges zu 2, 1 und $^1/_2$ Fr., Billon- und Kupferscheidegeld eidgenössischen Gepräges zu 20 bis 1 Rappen. Das eidgenössische Silberkurantgeld zu 2, 1 und $^1/_2$ Fr. wurde 1861—69, wie oben erwähnt, eingezogen. —

Besonders wichtig für die Schweiz sind die Folgen des neuen Münzgesetzes für den Geldverkehr mit dem Ausland.

Die Silberwährung von 1850/52 war durch die Macht der Ereignisse umgestoßen worden. An ihre Stelle trat mit dem Gesetz vom 31. Jan. 1860, wie seit einigen Jahren tatsächlich, die Goldwährung. Die Vorzüge derselben lagen auf dem Gebiete des Geldverkehrs mit dem Auslande.

England und Frankreich besaßen 1860 die Goldwährung, England gesetzlich, Frankreich, durch die Stauung des Goldes in seinen Staatskassen und den Abfluß des Silberkurantgeldes gezwungen, tatsächlich. So war für die Schweiz durch das Goldgeld ein Mittel exodromischer Verwaltung gegeben. Es war nämlich durch den vollwertigen Gehalt der Goldmünzen der Schweiz und der Goldwährungsländer zwischen diesen ein Goldpari hergestellt, ähnlich dem Silberpari zwischen der Schweiz und Frankreich.

Dies war für den Geldverkehr mit den Goldwährungsländern sehr wichtig. Derselbe vollzieht sich durch Versand von Wechseln auf das betr. Ausland, die man an der Börse zum Tageskurs derselben ankauft. Dieser Kurs richtet sich hauptsächlich nach der Nachfrage und dem Angebot der Wechsel auf das betr. Ausland. Durch das Goldpari und die Barverfassung des Goldgeldes in England, Frankreich, Sardinien und der Schweiz war nun das Schwanken der Wechselkurse zwischen diesen Ländern beschränkt.

[1]) Nur zu 5 Fr.

Stieg z. B. der Kurs des Sovereigns in Zürich, so war es, statt teure Wechsel auf London zu kaufen, billiger, Goldgeld dem Verkehr zu entziehen, einschmelzen zu lassen, der nächsten englischen Münzstätte zu verkaufen, dafür englisches Goldgeld in Zahlung zu nehmen und mit diesem seine Schulden in England zu bezahlen. Dieses wurde vorteilhafter in dem Augenblick, indem der Kurs des Sovereigns das Pari um den Betrag der Versandkosten von Gold nach England und der Prägekosten (den Schlagschatz) der englischen Münzstätten überschritt.[1])

Dieser Punkt ist der obere Goldpunkt zwischen der Schweiz und England. Überstieg der intervalutarische Kurs Englands in der Schweiz denselben, so setzte ein direkter Goldgeldversand von hier nach dort ein. Dadurch wurde ein weiteres Steigen der Devise London verhindert, und der Kurs sank alsbald wieder.

Fiel der Kurs auf ein Goldwährungsland, z. B. England in der Schweiz, so stieg der Kurs auf die Schweiz in diesem. Dieses Fallen resp. auf der anderen Seite Steigen des Kurses konnte natürlich nur so lange dauern, als bis ein direkter Goldgeldversand aus England vorteilhafter wurde, als ein Ankauf von Wechseln.

Man konnte ja aus England englisches Goldgeld an die französischen Münzstätten verkaufen, die gewonnenen französischen Goldstücke nach der Schweiz senden und dort, wo sie schweizerisches Geld waren, mit ihnen seine Schulden in der Schweiz bezahlen. Dies war vorteilhafter, sobald der Kurs auf England das Pari um den Betrag der Versandkosten von Gold aus England nach Frankreich, des Schlagschatzes der französischen Münzstätten und der Versandkosten von Gold aus Frankreich nach der Schweiz unterschritt.

Dieser Punkt ist der untere Goldpunkt zwischen der Schweiz und England. Sank der intervalutarische Kurs Englands in der Schweiz unter denselben, so setzte ein direkter Goldgeldversand von dort nach hier über Frankreich ein. Dadurch wurde ein

[1]) Der ganze Vorgang nur in den Grundzügen. In der Praxis spielt er sich umständlicher ab.

Übersicht über das schweizerische Geldsystem 1860—66.

Geltung	Gepräge	Beziehungen zum Metall: platische	genetische	dromische	Funktionelle Unterschiede der Annahme	Einlösbarkeit	Behandlung	Rechtsstellung
100, 80, 50, 40, 20, 10, 5 Fr.	Französisch Sardinisch	Gold	bar	vollwertig	Kurantgeld	uneinlösbar	valutarisch	z. T. fremde Geldstücke
5, 2, 1 Fr.	Französisch Sardinisch Belgisch	Silber					akzessorisch	
5, 2, 1 Fr.	Eidgenössisch		notal					
50, 20 Rp.	Französisch Sardinisch Belgisch		bar		Scheidegeld			
2, 1, 1/2 Fr.	Eidgenössisch		notal	unterwertig		einlösbar		nur eidgenössische Geldstücke
20, 10, 5 Rp.		Billon						
2,1 Rp.		Kupfer						

weiteres Sinken der Devise London verhindert, und der Kurs stieg alsbald wieder.

Für den intervalutarischen Kurs zwischen der Schweiz und anderen Goldwährungsländern war also durch das valutarische, bare Goldgeld eine Befestigung erzielt. Der Kurs konnte ohne andere Gründe nicht längere Zeit über dem oberen bezw. unter dem unteren Goldpunkte stehen.

Etwas anders stand es gegenüber Frankreich und Sardinien, deren Goldgeld die Schweiz ja selbst als eigenes gebrauchte. Hier fielen die Prägekosten für Gold bei der Höhe der Goldpunkte weg, da man ja direkt französisches, bezw. sardinisches Goldgeld dem schweizerischen Umlauf entziehen konnte.

Dadurch lagen gegenüber Frankreich und Sardinien die beiden Goldpunkte erheblich näher aneinander. Es war also gegenüber Frankreich insbesondere der Wechselkurs keineswegs festgelegt, sondern nur in einen — allerdings sehr engen — Raum eingegabelt, in dem er um das Goldpari schwanken konnte.

Gegenüber Silberwährungsländern mit frei ausprägbarem Silbergeld[1]) war der Kurs auch in der gleichen Weise durch einen oberen und unteren Silberpunkt befestigt. Da aber das Silbergeld sehr selten war und in der Zeit von 1860 bis 1865 selten blieb, hatte dies wenig Bedeutung.

Eine Besonderheit tritt hier aber gegenüber Frankreich und den anderen Frankenländern hervor. Diese Länder hatten sowohl bares Gold-, wie bares Silbergeld. Dadurch war in der Schweiz, die beide Kurantgeldarten der gen. Länder als Kurantgeld übernommen hatte, die Möglichkeit gegeben, sobald der Wechselkurs auf eines dieser Länder den Silberpunkt, bezw. den Goldpunkt erreicht hatte, in Gold- oder Silbergeld nach freier Wahl zu bezahlen. Dieses konnte gleichgiltig sein, solange beide Geldarten vollwertig oder überwertig blieben. Wie aber, wenn eine derselben, z. B. das Silbergeld unterwertig und dadurch über kurz oder lang auch notal wurde, aber Kurantgeld blieb?

[1]) Die Schweiz besaß solches ja immer noch, bes. in 5-Fr. Stücken.

Dann lag die Gefahr einer Überschwemmung des einen oder anderen Landes der Frankenländer mit unterwertigem Kurantgeld vor, denn dieses hätte man bei der oben genannten Wahl jedenfalls vorgezogen. Das Goldgeld wäre für den Verkehr mit Goldwährungsländern mit Barverfassung und alleiniger Kurantgeldstellung des Goldes zurückbehalten worden.

Jedenfalls lag in der Belassung des baren Silbergeldes zu 5 bis ½ Fr. in der Schweiz als Kurantgeldart eine große Gefahr für den Geldverkehr mit dem Ausland vor. Wie oben erwähnt, hätte man konsequenterweise alles Silbergeld zum Scheidegeld machen müssen. —

Das Münzgesetz vom 31. Jan. 1860 rief in dem Geldsystem der Schweiz zwei Änderungen hervor. Einmal schaffte es neben dem baren Silberkurantgeld zu 2, 1 und ½ Fr. ein Silberscheidegeld gleichen Nennwertes, und zum andern errichtete es eine zweite einseitig synchartale Kurantgeldart in dem Goldgelde, das man fortan valutarisch behandelte.

Durch die erste Maßregel war der Mangel an Münzen zu 2, 1 und ½ Fr. auf die einzig wirksame Weise bekämpft. Mit der zweiten nahm man durch Obstruktion gedrängt die Goldwährung an. Dadurch geriet man aber immer mehr in die Abhängigkeit von den Frankenländern, verlor die Herrschaft über sein Geldwesen fast vollständig.

Das Jahr 1860 brachte der Schweiz zwar eine zweckmäßige Ausdehnung des Scheidegeldwesens und den großen Vorteil des Goldpari und der Goldpunkte, aber auch den Konfliktsherd zweier barer Kurantgeldarten. Unter den Folgen dieser halben Maßregeln hat sie noch heute zu leiden. Die Scheu, eine durchgreifende Reform selbständig auszuführen, wie es von mancher Seite damals durch den „Goldmünzfuß“[1]) verlangt wurde, das Schielen nach dem Vorgehen des großen westlichen Nachbarn hat dem Schweizervolke und seinem Handel später Millionen Franken mehr gekostet, als damals die Schöpfung eines eigenen Geldsystems erfordert hätte.

---

[1]) Barverfassung und Kurantgeldeigenschaft nur des Goldgeldes.

§ 6.

DIE GRÜNDUNG DER LATEINISCHEN MÜNZUNION. 1860—69.

Durch die Änderungen des Münzgesetzes vom 31. Jan. 1860 hatte die Eidgenossenschaft ihrerseits den Kampf gegen den Abfluß des Silbergeldes mit Erfolg aufgenommen. Sie war darin den übrigen Frankenländern vorausgeeilt und hatte den mit diesen bestehenden Homochartismus ihres Silberteilgeldes durchbrochen.

Nun hatten die Nachbarstaaten der Schweiz aber im Verkehr, vor allem an der Grenze, die bisherigen 2-, 1- und ½-Frankenstücke der Eidgenossenschaft angenommen. Diese Annahme beruhte nicht auf einer gesetzlichen Aufnahme in das Geldsystem als französisches, belgisches usw. Geld, auch nicht auf der Verleihung des Kassenkurses an die eidgenössischen Stücke, sondern auf Gewohnheit und Verkehrssitte. Der Kurs dieser Geldsorte zum Nennwert beruhte auf ihrem dem französischen usw. gleichen Gehalt an Feinsilber, nicht auf irgend einer rechtlichen Stellung in den Frankenländern, denn eine solche besaß das eidgenössische Geld zu 2, 1 und ½ Fr. außerhalb der Schweiz nicht. Es ging mit diesen eidgenössischen Geldstücken geradeso, wie 1852—60 mit dem französischen Golde in der Schweiz. Ihr Umlauf beruhte auf ihren platischen Beziehungen zum Metall.

Als nun 1860 die Schweiz den neuen Silberstücken zu 2, 1 und ½ Fr. einen geringeren Metallgehalt gab, erregte dies in den Frankenländern großen Unwillen. Man nahm die neuen unterwertigen Stücke nicht zu ihrem Nennwerte an und verbot in Frankreich sogar ihren Umlauf,[1]) obwohl man die Zweckmäßigkeit des Vorgehens der Schweiz anerkannte.[2])

Jedoch mußten auch die anderen Frankenländer gegen den Silbergeldabfluß ankämpfen. Im Prinzip folgten sie dabei dem

[1]) Bdbltt. 1866, I, 134 ff.

[2]) So empfahl z. B. der Vizepräsident des französischen Staatsrats de Parieu im April 1860 im Journal des Economistes, das Beispiel der Schweiz nachzuahmen, wenngleich er lieber gesehen hätte, daß Frankreich damit vorangegangen wäre (Bdbltt. 1866, I, 134).

durch die Schaffung des eidgenössischen Silbergeldes gegebenen Beispiel.

Im März 1861 wurde auch in der belgischen Abgeordnetenkammer die Nachahmung des Vorgehens der Schweiz empfohlen,[1]) jedoch ging man nur bis zur Annahme des französischen Goldgeldes. Das in Belgien umlaufende Silbergeld war so abgeschliffen, da die guten Stücke über England nach Indien ausgewandert waren, daß es zum Nennwert genommen als unterwertig zu betrachten war. Außerdem hatte Belgien einen starken Banknotenumlauf mit weitgehender Stückelung,[2]) so daß der Silbergeldmangel, durch kleine Noten ersetzt, nicht empfindlich war.

In Italien war durch das das Geldwesen des neuen Königreichs ordnende Gesetz vom 24. Aug. 1862 den 2-, 1-, $^1/_2$- und $^1/_5$-Frankenstücken ein Silbergehalt von $^{835}/_{1000}$ fein gegeben. Man hatte hier bis Ende 1865 für etwa 100 Mill. Fr. solcher unterwertiger Münzen ausgeprägt.

In Frankreich brachte die Regierung erst 1864 vor das Corps législatif einen Gesetzentwurf, nach dem alle Silbermünzen unter 5 Fr. zu $^{835}/_{1000}$ fein ausgeprägt werden sollten. Dies wurde jedoch nur für die 50- und 20-Rappenstücke genehmigt, und bis 1865 waren nur für 16 Mill. Fr. unterwertige 50-Rappenstücke hergestellt.[2])

So hatten also die 5 Jahre 1860—64 in den Homochartismus des Silbergeldes der vier Länder Frankreich, Belgien, Schweiz und Italien und in die usuelle gegenseitige Annahme des Silberteilgeldes völlige Verschiedenheit gebracht. Zu gleicher Zeit dauerte der Silbergeldabfluß fort. Er betraf jetzt natürlich vornehmlich die alten vollwertigen Silberteilmünzen, die fast gänzlich absorbiert wurden. Als förderndes Moment kam noch der Ausbruch des nordamerikanischen Bürgerkrieges (1861) hinzu. Der Baumwolleversand aus den Südstaaten der Union hörte auf, man mußte die Wolle aus Indien beziehen und mit Silber bezahlen.[3])

Um dem Silberabfluß wirksam entgegenzutreten, lag bei der usuellen Gemeinsamkeit und teilweisen Synchartalität des Geldes

[1]) Bdbltt. 1866, I, 134 ff. [2]) Bdbltt. 1866, I, 135.
[3]) Helfferich, loc. cit. S. 135.

der Frankenländer ein gemeinsames Vorgehen nahe. Daher fragte Belgien bei Frankreich offiziös inbetreff einer ev. vertraglichen Wiederherstellung der Gleichheit der vier Münzsysteme an. Die kaiserl. franz. Regierung nahm die Idee mit Freuden auf und machte den drei anderen Staaten durch Schreiben vom 2. Febr. 1865 den Vorschlag, durch Berufung einer Konferenz nach Paris eine diplomatische Übereinkunft zur Regelung der Frage der Bekämpfung des Silbergeldabflusses und der Gleichheit der vier Münzsysteme herbeizuführen.[1])

Der Bundesrat stimmte dem Vorschlage zu (3. März) und ernannte zu seinen Vertretern auf der Konferenz den Gesandten in Paris, Kern, und den Nationalrat Feer-Herzog aus Aarau, sowie als Sachverständigen den Münzdirektor A. Escher.[2])

Die Konferenz trat am 20. Nov. 1865 in Paris zusammen und schloß nach 6 Sitzungen am 23. Dez. 1865 einen Münzvertrag zwischen den vier Staaten ab. Am 2. Febr. 1866 wurde derselbe der Bundesversammlung vorgelegt[3]) und nach eingehender Prüfung am 22./24. vom National- bezw. Ständerat gutgeheißen. Die Ratifikation seitens der Schweiz erfolgte am 5. März 1866.[4])

Nach allseitiger Ratifikation wurde der Anfangstermin für die Vollziehung des Vertrags auf den 1. Aug. 1866 festgesetzt.[5]) Er lautet folgendermaßen:[6])

Münzvertrag
zwischen der Schweiz, Belgien, Frankreich und Italien vom 23. Dezember 1865.

Art. 1. Belgien, Frankreich, Italien und die Schweiz bilden eine Vereinigung in Betreff des Gewichtes, des Gehaltes, der Form und des Kurses ihrer Gold- und Silbermünzsorten.

In der Gesetzgebung betreffend die Billonmünzen wird vorderhand von keinem der vier Staaten etwas geändert.

Art. 2. Die hohen vertragschließenden Teile verpflichten

---

[1]) Bdbltt. 1865, I, 218. [2]) Bdbltt. 1865, III, 945.
[3]) Bdbltt. 1866, I, 133. [4]) A. S. VIII, 754 bezw. 825.
[5]) Bdbltt. 1866, II, 389. [6]) A. S. VIII, 825.

sich, keine Goldmünzen nach anderen Wertsätzen als in Stücken von 100 Fr., 50 Fr., 20 Fr., 10 Fr., 5 Fr. und zwar hinsichtlich des Gewichtes, des Gehalts, der Fehlergrenze und des Durchmessers nach folgenden Bestimmungen zu prägen oder prägen zu lassen.

Gold

Münze	Gewicht		Gehalt		Durchmesser
	Richtiges Gewicht	Fehlergrenze	Richtiger Gehalt	Fehlergrenze	
100	32,25806	$^{1}/_{1000}$			35
50	16,12903				28
20	6,45161	$^{2}/_{1000}$	$^{900}/_{1000}$	$^{2}/_{1000}$	21
10	3,22580				19
5	1,61290	$^{3}/_{1000}$			17

Sie werden bei ihren öffentlichen Kassen die in einem oder dem andern der vier Staaten nach vorstehenden Bedingungen geprägten Goldstücke zulassen, unter Vorbehalt des Ausschlusses jedoch solcher Stücke, deren Gewicht durch Abnutzung um $^{1}/_{2}$ % unter den oben bezeichneten Fehlergrenzen vermindert oder deren Gepräge verschwunden sein sollte.

Art. 3. Die vertragschließenden Regierungen verpflichten sich, silberne Fünffrankenstücke nur in hienach bezeichnetem Gewicht, Gehalt, Fehlergrenze und Durchmesser zu prägen oder prägen zu lassen.

Gewicht		Gehalt		Durchmesser
Richtiges Gewicht	Fehlergrenze	Richtiger Gehalt	Fehlergrenze	
25 gr	$^{3}/_{1000}$	$^{900}/_{1000}$	$^{2}/_{1000}$	37 mm

Sie werden die Münzen gegenseitig bei ihren öffentlichen Kassen annehmen, unter Vorbehalt des Ausschlusses derjenigen, deren Gewicht durch Abnutzung um 1 % unter der oben bezeichneten Fehlergrenze vermindert oder deren Gepräge verschwunden sein sollte.

Art. 4. Die hohen vertragschließenden Teile werden von nun an Silbermünzen von 2 Fr., 1 Fr., 50 Rp. und 20 Rp. nur nach folgenden Vorschriften betreffend Gewicht, Gehalt, Fehlergrenze und Durchmesser prägen lassen:

Silber

Münze	Gewicht		Gehalt		Durchmesser
	Richtiges Gewicht	Fehlergrenze	Richtiger Gehalt	Fehlergrenze	
2 Fr.	10 gr	5/1000	835/1000	3/1000	27
1 „	5 „				23
0,5 „	2,5 „	7/1000			18
0,2 „	1 „	10/1000			16

Diese Münzen sollen von den Regierungen, die sie ausgegeben haben, eingeschmolzen werden, sobald sie durch Abnutzung um 5 % unter der oben bezeichneten Fehlergrenze vermindert oder ihr Gepräge verschwunden sein wird.

Art. 5. Die Silbermünzen von 2 Fr., 1 Fr., 50 Rp. und 20 Rp., die nach andern Verhältnissen als den im vorgehenden Artikel bestimmten geprägt sind, sollen bis zum 1. Jan. 1869 aus dem Verkehr zurückgezogen werden.

Diese Frist wird verlängert bis zum 1. Jan. 1878 für die in der Schweiz kraft Gesetz vom 31. Jan. 1860 ausgegebenen Ein- und Zweifrankenstücke.

Art. 6. Die nach den Vorschriften des Art. 4 geprägten Silbermünzen sollen für die Privaten desjenigen Staates, der sie geprägt hat, bis zum Belaufe von 50 Fr. auf jeder Zahlung gesetzlichen Kurs haben.

Der Staat, der sie ausgegeben hat, wird sie von seinen Landesangehörigen ohne Betragsbeschränkung annehmen.

Art. 7. Die öffentlichen Kassen jedes der vier Staaten werden die von einem oder mehreren der andern vertragschließenden Staaten gemäß Art. 4 geprägten Silbermünzen bis zum Belaufe von 100 Fr. auf jeder der den genannten Kassen gemachten Zahlung annehmen.

Die Regierungen von Belgien, Frankreich und Italien werden bis zum 1. Jan. 1878 die schweizerischen, dem Gesetz vom 31. Jan. 1860 gemäß ausgegebenen, Ein- und Zweifrankenstücke annehmen, die in jeder Hinsicht auf besagte Zeitdauer den nach den Vorschriften des Art. 4 geprägten gleichgestellt sind.

Alles unter den im Art. 4 gemachten Vorbehalten, betreffend die Abnutzung.

Art. 8. Jede der vertragschließenden Regierungen verpflichtet sich, von Privaten oder den öffentlichen Kassen der anderen Staaten, die von ihr ausgegebenen Silberscheidemünzen anzunehmen und gegen einen gleichen Betrag Kurantmünzen (Goldstücke oder silberne Fünffrankenstücke) auszuwechseln, unter der Bedingung, daß der zur Umwechslung gebrachte Betrag nicht unter hundert Franken sein soll. Diese Verpflichtung besteht noch zwei Jahre nach Ablauf des gegenwärtigen Vertrages in Kraft.

Art. 9. Die hohen vertragschließenden Teile dürfen Silbermünzen zu 2 Fr., 1 Fr., 50 Rp. und 20 Rp., die nach den Vorschriften des Art. 4 geprägt sind, nur bis zum Betrage von 6 Franken auf jeden Einwohner ausgeben.

Mit Rücksicht auf die jüngsten in jedem Staate vorgenommenen Volkszählungen und auf die mutmaßliche Bevölkerungszunahme bis zum Ablaufe des gegenwärtigen Vertrages werden die daherigen Beträge festgestellt

für Belgien	auf	32	Mill.	Fr.
„ Frankreich	„	239	„	„
„ Italien	„	141	„	„
„ die Schweiz	„	17	„	„

Auf Rechnung obiger Summen, welche die Regierungen zu prägen befugt sind, kommen die Beträge, welche bereits ausgegeben sind:

von Frankreich, kraft des Gesetzes vom 25. Mai 1864, in Fünfzig- und Zwanzigrappenstücken für ungefähr 16 Mill.,

von Italien, kraft des Gesetzes vom 24. Aug. 1862, in

Zwei- und Einfranken-, Fünfzig- und Zwanzigrappenstücken für ungefähr 100 Mill.,

von der Schweiz, kraft des Gesetzes vom 31. Jan. 1860, in Zwei- und Einfrankenstücken für 10,5 Mill. Fr.

Art. 10. Die Jahreszahl soll von nun an auf den in den vier Staaten geprägten Gold- und Silbermünzen angemerkt werden.

Art. 11. Die vertragschließenden Regierungen werden einander alljährlich den Betrag ihrer Ausgabe an Gold- und Silbermünzen, den Stand der Einlösung und Umschmelzung ihrer alten Münzen, sowie alle auf das Münzwesen bezüglichen Verfügungen und Schriftstücke mitteilen.

Sie werden einander gleichermaßen von allen Vorgängen, welche den gegenseitigen Verkehr ihrer Gold- und Silbermünzen betreffen, Kenntnis geben.

Art. 12. Das Recht zum Beitritt zum gegenwärtigen Vertrage ist jedem Staate vorbehalten, der die Verbindlichkeiten desselben[1]) übernehmen und das Vereinsmünzsystem in betreff der Gold- und Silbermünzen einführen will.

Art. 13. Die Vollziehung der im gegenwärtigen Vertrage enthaltenen gegenseitigen Verpflichtungen ist, so viel als nötig, der Erfüllung der Formen[1]) und Vorschriften untergeordnet, welche durch die Verfassungsgesetze derjenigen der hohen vertragschließenden Teile festgesetzt sind,[1]) die deren Anwendung zu bewirken haben.[1]) Sie verpflichten sich, dies in möglichst kurzer Frist zu tun.[1])

Art. 14. Der gegenwärtige Vertrag soll bis zum 1. Jan. 1880 in Kraft verbleiben. Wenn ein Jahr vor dieser Frist der Vertrag nicht gekündigt wird, so bleibt er mit voller Rechtskraft auf eine weitere Zeitdauer von 15 Jahren verbindlich und so fort von 15 zu 15 Jahren, solange eine Kündigung nicht erfolgt.

Art. 15. Gegenwärtiger Vertrag soll ratifiziert und die Ratifikationen sollen zu Paris in Zeit von sechs Monaten oder früher, wenn möglich, ausgewechselt werden. —

Diesem Münzvereinsvertrag[2]) folgten in den nächsten Jahren

[1]) Richtigere Uebersetzung nach dem französischen Originaltext.

[2]) Wir bezeichnen den Münzverein von Anfang an mit dem jetzt allgemein üblichen Namen „lateinische Münzunion“.

verschiedene Verträge und Verordnungen zur Ausführung der durch ihn bedingten Änderungen im Geldwesen der Unionsstaaten.

Zur Verringerung der über die Verkehrsbedürfnisse hinausgehenden Verbreitung kleiner Scheidemünzen wurde von der Bundesversammlung die Ausführung des Art. 8 des Münzvertrages gefordert.[1]) Nach einer Übereinkunft mit Frankreich[2]) vom Januar und mit Italien[3]) vom März 1868 wurden als Auswechselungskassen für die betr. fremden Silberscheidemünzen in Beträgen von je 10 000 Fr., falls der Staat, von je über 100 Fr., falls Private auswechselten, folgende Kassen bestimmt: Von der Schweiz die Kreiszollkassen in Basel, Genf und Chiasso; von Frankreich die Partikulareinnehmerstelle in Mülhausen und das Generalschatzamt in Lyon; von Italien das Provinzialschatzamt in Como. Für Belgien übernahm die Nationalbank in Brüssel die Auswechselung.

Da ferner über die kritische Höhe der Annahme der neuen Münzsorten der fremden Staaten viel Unklarheit herrschte, erließ der Bundesrat am 20. Dez. 1866 ein Kreisschreiben[4]) und am 5. Juni 1867 eine Erläuterung[5]) hiezu. Endgültig klargestellt und geregelt wurde die Frage der Zirkulation und des Austausches der Scheidemünzen erst durch ein Reglement vom 10. März 1869.[6]) Danach war ein Unterschied in der Annahmehöhe bei Zahlungen unter Privaten und an den Staat, sowie in eigenem und fremdem Gelde.

Eine andere Ausführungsmaßnahme war die durch Art. 5 des Münzvertrags geforderte Einziehung der nach anderen Grundsätzen, als den des Münzvertrags ausgeprägten Silbermünzen zu 2, 1 und $^1/_2$ Fr. Durch Bundesratsbeschlüsse vom 26. Juni, 25. Sept., 16. Okt. und 21. Dez. 1868[7]) wurden die französischen Stücke dieser Art vom 1. Januar, die belgischen, italienischen und eidgenössischen vom 31. Jan. 1869 ab außer Kurs gesetzt.

---

1) A. S. IX, 83. 2) Bdbltt. 1868, I, 141.
3) Bdbltt. 1868, I, 617. 4) Bdbltt. 1867, I, 6.
5) Bdbltt. 1867, II, 68. 6) A. S. IX, 640.
7) A. S. IX, 365, 489, 496 und 528.

Alsdann genossen sie nur noch je einen Monat lang Kassenkurs an den wichtigsten Zoll- und Postkassen.

Von den 9,5 Mill. Fr. eidgenössischen Silberteilmünzen zu $^9/_{10}$ fein aus dem Jahre 1851/52 liefen über 8 Mill. Fr. ein.[1][2])

Dem Münzverein trat am 26. Sept. / 8. Okt. 1868 auch Griechenland bei,[3]) sodaß die Münzunion außer Spanien alle romanischen Staaten umfaßte.

In den ersten Jahren ihres Bestehens zeigte sich in der Schweiz ein außerordentlicher Überfluß an italienischen und päpstlich-römischen[4]) Silberscheidemünzen im Umlauf und in den eidgenössischen Kassen. Dies hatte seine Ursache einmal in dem Zwangskurs, den in Italien das bis zu 1 Fr. gestückelte Papiergeld genoß, und der das Metallgeld in die Frankenländer trieb. Zum andern lag der Grund in den übermäßigen Ausprägungen des Kirchenstaats, die diesem zwar reichen Gewinn brachten, wodurch die Münzen aber massenweise in das Königreich Italien und von da, besonders auch durch Spekulation, nach der Schweiz gelangten.

Dazu kam, daß der Kirchenstaat im Jahre 1867 um Aufnahme in die Münzunion nachsuchte.[5]) Die Verhandlungen, die im Auftrage der Unionsstaaten Frankreich führte, kamen nie zum Abschluß; da man aber geflissentlich verbreitete, der Kirchenstaat trete bestimmt bei, so nahm das große Publikum arglos die römischen Münzen zum Nennwert an.

Als nun am 7. Juni 1869 der Bundesrat die Kassen anwies,[6]) die römischen Münzen nicht anzunehmen, da sie kein gesetzliches Zahlungsmittel waren, erregte dies allgemeinen Unwillen. Am 18. Juni begründete der Bundesrat seine Maßnahme,[7]) lehnte mit Recht jede Verantwortung ab, sah sich aber doch genötigt, vom 6. Juli 1869 an während zweier Wochen den

[1]) Bdbltt. 1870, II, 189.

[2]) Die Schweiz beteiligte sich natürlich auch an der erfolglosen Pariser Münzkonferenz von 1867.

[3]) A. S. IX, 530.

[4]) Der Kirchenstaat hatte bei sich ebenfalls das Frankensystem eingeführt. [5]) Bdbltt. 1868, II, 339. [6]) Bdbltt. 1869, II, 206.

[7]) Bdbltt. 1869, II, 300.

römischen Silberscheidemünzen Kassenkurs zu verleihen.[1]) Die eingelaufenen Münzen wurden nicht wieder ausgegeben, sondern in einem Betrage von über 1 Mill. Fr. nach Rom abgeschoben.[2])

Gegen die Überschwemmung durch italienische Silbermünzen konnte man nicht vorgehen, da dieselben nach Münzunionsgesetz angenommen werden mußten.

Auch Östreich suchte Anschluß an die Münzunion. Die Verhandlungen führten 1867 das gleiche Ergebnis in der Schweiz herbei, wie bei denjenigen mit dem Kirchenstaat. Es trat eine Überschwemmung der Ostschweiz mit östreichischen silbernen Guldenstücken ein, gegen die der Bundesrat nicht einschreiten konnte.

Spanien, das bei sich ebenfalls das Frankensystem eingeführt hatte, tat Schritte zum Anschluß an die Münzunion. Im November 1869 berief daher Frankreich eine neue Konferenz auf das folgende Jahr zur Verhandlung über die Beitrittsgesuche ein. Schon glaubte man eine Münzunion von der russischen bis zur portugiesischen Grenze bald vollendet zu haben, da machten der Ausbruch des deutsch-französischen Krieges und die späterhin völlig veränderte Geldlage in Europa die Hoffnungen zunichte.

Jedoch wurden am 10. Januar 1871[3]) die österreichischen Acht- und Vierguldenstücke aus Gold, da sie dem Goldmünzfuß der Münzunion entsprachen, zu 20 und 10 Fr. für die eidgenössischen Kassen tarifiert. Damit rückten sie als schweizerisches Goldgeld in die Geldarten der Eidgenossenschaft ein, es bestand einseitiger Synchartismus der Schweiz mit Östreich. In das Geldwesen der Münzunion wurden die genannten Stücke nicht aufgenommen. Sie erschienen nur in geringer Zahl und haben daher keine Bedeutung erlangt.[4]) —

Durch die Gründung der lateinischen Münzunion waren in dem Geldwesen der Schweiz erhebliche Änderungen nicht eingetreten.

Die größte Änderung erfuhr die Zusammensetzung des schweizerischen Geldbestandes. Diese Änderung war jedoch nur — abgesehen davon, daß auch griechische 1- bis 100-Drachmenstücke in den Umlauf kamen — rechtlicher Natur.

---

[1]) A. S. IX, 855. [2]) Bdbltt. 1870, II, 189. [3]) Bdbltt. 1871, II, 52.
[4]) Bdbltt. 1873, Bericht des Bundesrats (sep. ersch.) S. 187.

In der gleichen Stellung wie bisher blieb das Billon- und Kupfergeld bis zu 20 Rp. Auch weiterhin, und bis heute, sind diese Münzen nur eidgenössischer Herkunft gewesen und haben nie eine synchartale Stellung erlangt.

Alles übrige schweizerische Geld wurde mit dem 1. August 1866 gemeinsames Geld der lateinischen Münzunion. Unionsgeld wurde also das schweizerische Goldgeld mit französischem und sardinischem Gepräge und das Silbergeld mit dem Gepräge jedes der fünf Unionsstaaten. Das eidgenössische Geld und ebenso das der anderen vier Staaten stand nicht mehr allein unter der Hoheit derselben, sondern unter der des sie alle umfassenden neuen Rechtssubjekts „Münzunion". Aus dem einseitigen Synchartismus zwischen verschiedenen dieser Staaten, z. B. der Schweiz und Frankreich, war jetzt ein fünfseitiger Synchartismus zwischen der Schweiz, Frankreich, Belgien, Italien und Griechenland geworden.

War die Schweiz schon vorher eine Geldprovinz Frankreichs, Sardiniens und Belgiens, so wurden mit dem Jahre 1866 auch diese Länder eine Geldprovinz der Schweiz, oder richtiger, sie alle gemeinsam wurden ein Geldstaat „lateinische Münzunion", dessen Provinzen sie waren. Über den fünf Staaten stand in Sachen des Gold- und Silbergeldes mit alleinigem Recht zu Änderungen usw. die von ihnen gemeinsam gebildete Münzunion. Ihr Geld war es, das in den einzelnen Staaten gebraucht wurde; nicht ohne Bruch des Münzvertrages vom 23. Dez. 1865 konnte einer der Staaten an seinem Geldwesen etwas ändern.

Wer die Gesetze des schweizerischen Geldwesens seit 1866 erforschen will, muß nicht nur die Gesetzgebung der Schweiz, sondern auch die der Münzunion, die internationalen Verträge, untersuchen.

So war mit dem 1. Aug. 1866 ein voller Synchartismus, eine vollständige Gemeinsamkeit des Metallgeldes (über 20 Rp.) der fünf Staaten eingetreten. Dadurch war die Schweiz, die schon vorher abhängige Geldprovinz von drei dieser Staaten war, von der Stimme aller fünf abhängig geworden. Aber einer dieser fünf Staaten war sie selbst. Sie sprach künftighin in jeder Frage des Geldwesens ihres Staatsgebiets mit, stand nicht mehr machtlos und dem Vorgehen der Nachbarstaaten zu folgen gezwungen ihrem eigenen Gelde gegenüber; sie war wieder zu Einfluß auf ihr Geldwesen gelangt.

Aber dieser Einfluß beschränkte sich auf die Stimme des schweizerischen Vertreters auf Münzunionskonferenzen zu Paris. Was wog diese dort gegenüber Frankreich, Italien und Belgien? Sehr wenig, denn faktisch richtete sich die Münzunion nach Frankreichs Willen. Die Unionsstaaten wurden den tatsächlichen Machtverhältnissen nach Geldprovinzen des Heimatlandes ihrer Geldsysteme, zumal sie auf das kapitalkräftige Frankreich finanziell stets Rücksicht nehmen mußten.

Die lateinische Münzunion war für Frankreich stets von Nutzen, für die anderen Mitglieder oft nachteilig. Diese gerieten häufig in die Stellung von Vasallenstaaten gegenüber Frankreich, und besonders die Schweiz war nach wie vor in die Stellung einer Geldprovinz ihres westlichen Nachbars gedrängt.

In den platischen Beziehungen des schweizerischen Geldes[1]) zum Metall änderte sich nur der Münzfuß der Silberscheidemünzen zu 2, 1 und ½ Fr. Der Feingehalt wurde jetzt entsprechend der Entscheidung, die vorher in Italien und Frankreich gefallen war, auf $^{835}/_{1000}$ festgesetzt.[2]) Doch galten die eidgenössischen Stücke nach Art. 5 trotz ihres geringeren Feingehalts noch bis zum 1. Jan. 1878 weiter zu ihrem Nennwert.

Kleine Abweichungen von dem bisherigen schweizerischen Münzfuß sind münztechnischer Natur und können daher übergangen werden. Sie ergeben sich aus dem Texte des Vertrages.

In genetischer Hinsicht ebenso wie in dromischer änderten sich die Beziehungen des schweizerischen Geldes zum Metall

---

[1]) Dasselbe zerfällt jetzt in „eidgenössisches“ (1 bis 20 Rp.) und „Unionsgeld“ (½ bis 100 Fr.).

[2]) Diese Festsetzung des Feingehalts der neuen Silberscheidemünzen auf $^{835}/_{1000}$ richtete sich nach dem Vorgehen Englands und Nordamerikas, die (England 1816) ihre Silbermünzen auch mit einem 7,2 % hinter dem Vollwert bleibenden Feingehalt an Silber versehen hatten. Frankreich und Italien hatten übrigens bereits für 116 Mill. Fr. derartiger Münzen ausgegeben.

nicht. Gold und Silbergeld waren in der Union bares (frei ausprägbares) Unionsgeld, und es war daher für beide eine untere Preisgrenze auf dem Edelmetallmarkte gegeben.

Eine wichtige Neuerung, besonders für die schweizerischen Verhältnisse, zeigen die funktionellen Stellungen des Uniongeldes.

Während bisher in der Schweiz in der kritischen Höhe bei der Annahme von Scheidegeld in der Person des Empfängers kein Unterschied gemacht wurde, behandelte die Münzunion Private und Staat in dieser Rolle verschieden. Bei Zahlungen an den Staat war künftighin alles Silberscheidegeld von 50 Rp. bis 2 Fr. Kurantgeld, soweit es eidgenössisches Gepräge trug; das fremde Silberscheidegeld von 20 Rp.[1]) bis 2 Fr. war Scheidegeld mit einer kritischen Höhe von 100 Fr. Bei Zahlungen an Private war das Silbergeld eidgenössischen Gepräges zu 50 Rp. bis 2 Fr. Scheidegeld bis zu 50 Fr., das fremde Silbergeld von 20 Rp.[1]) bis 2 Fr. genoß nur fakultative Annahme. In der Regel nahm man aber das fremde Silberscheidegeld wie das eigene.[2])

Auch in der Einlösung der Geldarten war eine Änderung eingetreten. Während die Silberscheidemünzen eidgenössischen Gepräges in Beträgen über 50 Fr. einlösbar waren, wurden jetzt die fremden in der Schweiz selbst nicht mehr eingelöst. Wollten nun Private solche einwechseln, so mußten sie sich entweder unmittelbar an die obengenannten ausländischen Kassen wenden oder dies durch Vermittelung der eidgenössischen Bundeskasse tun.[3])

Valutarisch wurde auch von 1866 bis 1870 noch das Goldgeld behandelt. Daneben bestand das bare Silberkurantgeld, dessen jetzt einziger Vertreter das silberne Stück zu 5 Fr., der

---

[1]) Aus Silber mit ausländischem Gepräge.

[2]) Die Schweiz hatte 1865 beantragt, auch den fremden Silberscheidemünzen Zwangskurs zu verleihen, hatte aber bei Frankreich damit keinen Anklang gefunden. So war nur der Kassenkurs erreicht, der in der Schweiz natürlich auch allein bestand, da die Gesetze der Münzunion den eigenen vorgezogen wurden.

[3]) A. S. IX, 640.

Fünffrankentaler, war. Es bestand also in dieser Periode der Gründung der Münzunion noch immer die Goldwährung. Der Fünffrankentaler wurde allerdings seit 1868/69 wieder häufiger, lief aber noch nicht in großem Betrage um.

Die Gründe, die zur Schaffung der Münzunion führten, und die Zwecke, die sie erstrebte, waren: Schutz des Silberteilgeldes und Erleichterung des exodromischen Verkehrs zwischen den fünf Ländern.

Der erste dieser Zwecke war von der Schweiz schon durch ihr Münzgesetz vom 31. Jan. 1860 erreicht, der zweite wurde durch den Münzvertrag gesichert. Der Anschluß an die Münzunion war also für die Schweiz weniger ein Gebot der Notwendigkeit,[1]) als der Erleichterung des Geldverkehrs nach dem Auslande.

Dieser war, wenn auch nicht wesentlich gegenüber dem Zustande seit 1860, seit der Akzeptation des Goldgeldes, verbessert, so doch gesichert und auf 15 Jahre erfolgreich geregelt. Die Vorteile des mehrseitigen Synchartismus waren eben: Geringere Schwankungen des Wechselkurses — solange die Währungen der fünf Staaten gleich blieben.

Dies vorzuschreiben lag aber nicht in der Macht der Münzunion, sie setzte nicht fest, welche der beiden Kurantgeldarten, Gold- oder Silbergeld, valutarisch behandelt werden sollte. Durch einen völkerrechtlichen Vertrag kann man nicht mehrere Staaten zwingen, ihre Währung nur mit Zustimmung aller Vertragsstaaten zu ändern. Die Wahl der valutarischen Geldart, des Währungsgeldes, ist in erster Linie eine Macht-, dann eine Zweckfrage. Wenn die politische Lage, das Interesse des Staates, seine Selbsterhaltung, es gebieten, muß ein Staat seine Währung ändern. Daran kann ihn niemand hindern, am allerwenigsten internationale Verträge, die in Krisenzeiten von sehr fragwürdiger Sicherheit sind. „Man müßte nicht Staatsvereine, sondern valutarische Bundesstaaten gründen".[2])

---

[1]) Der Anschluß legte ihr sogar das Opfer auf, ihre eben erst geprägten Silberscheidemünzen bis 1878 zurückzuziehen und zu ersetzen.

[2]) G. F. Knapp, Staatliche Theorie des Geldes, S. 260.

Bereits im Jahre 1866 nahm Italien eine Papierwährung an. Es behandelte keine der Unionsgeldarten valutarisch, sondern gab Staatsnoten aus. Griechenland folgte bald diesem Beispiel und Frankreich mußte es nach 1870 ebenfalls tun. Die Münzunion wurde dadurch von Anfang an durchbrochen. Für den Geldverkehr nach dem Ausland ist daher auch vor allem das Verhältnis Belgien-Frankreich-Schweiz von Wichtigkeit gewesen.

Solange in allen Münzunionsstaaten nur das Goldgeld, oder nur das Silbergeld (zu 5 Fr.) Währungsgeld war, war der Vertrag von Nutzen. Ein Fehler blieb es aber immer, daß zwei Kurantgeldarten mit Barverfassung bestanden.

Stieg bei herrschender Goldwährung der Marktpreis des Silbers, so war dies kein Schaden, da das Silbergeld abfloß und das Goldgeld blieb. Fiel dagegen der Silberpreis, so strömte bei der Freiprägung des Silbers dasselbe in den Verkehr, und infolge Silberobstruktion in den Kassen entstand eine Silberwährung.

Stieg bei herrschender Goldwährung der Goldpreis auf dem Markte, so floß das Goldgeld ab und obstruktionell entstand die Silberwährung. Fiel der Goldpreis, so vermehrte sich das Goldgeld und die Goldwährung blieb.

Fallender Silberpreis und steigender Goldpreis waren also bei der Barverfassung beider Metalle die Feinde der Goldwährung, wie steigender Silberpreis und fallender Goldpreis die der Silberwährung in der Münzunion gewesen wären.[1])

Die Münzunion hatte für die Frankenländer zwei Vorteile. Einmal wurde das Silberteilgeld erhalten und sein Umlauf im Grenzverkehr erleichtert. Zum andern wurde der Wechselkurs der Schweiz auf die Unionsstaaten durch Annäherung der Goldpunkte (s. § 5 Ende) befestigt, solange die Goldwährung bestehen blieb. —

---

[1]) Die Schweiz hatte wiederholt die „alleinige Goldwährung", d. h. Freiprägung nur des Goldes verlangt, ohne damit durchzukommen. Der wichtigste Fehler war aber die Kurantgeldeigenschaft zweier synchartaler Geldarten. Dies mußte für den Kurs der Frankenländer unter sich gefährlich werden.

Übersicht über das schweizerische Geldsystem i. J. 1869.

Geltung	Gepräge	Beziehungen zum Metall: platische,	genetische,	dromische.	Funktionelle Unterschiede der Annahme beim Staat,	Annahme bei Privaten,	Einlösbarkeit	Behandlung.	Rechtsstellung.
100, 50, 20, 10, 5 Fr.	Belgisch, Französisch, Italienisch, Griechisch	Gold	bar	vollwertig	Kurantgeld	Kurantgeld	uneinlösbar	valutarisch	Unionsgeld
8, 4 Fl.	Österr.								
5 Fr.	(u. Eidgen.)	Silber						akzessorisch	
2, 1, 1/2, 1/5 Fr.			notal	unterwertig	Scheidegeld (—100 Fr.)	Fakultativ	einlösbar		
2, 1, 1/5 Fr.	Eidgenössisch				Kurantgeld	(—50 Fr.)			
20, 10, 5 Rp.		Billon			Scheidegeld	Scheidegeld (—20 Fr.)			Eidgenössisches Geld.
2, 1 Rp.		Kupfer				(— 1 Fr.)			

Die Periode seit der Schaffung des schweizerischen Geldsystems im Anfang der fünfziger Jahre bis zum Jahre 1869 hat die Schweiz Schritt für Schritt tiefer in die Abhängigkeit von Frankreich gebracht. Das Jahr 1869 bedeutet den Höhepunkt der glücklichen Entwickelung dieses Weges. Mit dem folgenden Jahre bereits zeigten sich in erschreckender Weise die Abgründe, denen er zuführte. Seitdem ringt die Schweiz um Befreiung ihres Geldsystems von Frankreich.

IV. Abschnitt.

DAS ANSCHWELLEN DER NOTALEN GELDARTEN. 1870—1883.

§ 7.

DIE GELDKRISIS DES JAHRES 1870.

In den Kreis der Geschichte des Geldwesens der Schweiz im neunzehnten Jahrhundert gehört auch die Banknote. Jedoch haben wir sie nur insoweit zu betrachten, als sie den Charakter als staatliches Geld hat. Wir müssen also zum Gelde der Schweiz auch diejenigen Banknoten rechnen, die an den Kassen der Eidgenossenschaft Kassenkurs genießen, schweizerisches Geld sind.

Die schweizerische Eidgenossenschaft als Bundesstaat gebildet von „.... den vereinigten Völkerschaften der 22 souveränen Kantone ....“ hatte nach ihrer Verfassung vom Jahre 1848 nicht das Recht, die Ausgabe von Banknoten zu regeln. Die Notenbankgesetzgebung war den Kantonen überlassen.

Dieser Umstand erklärt es, daß wir in der Schweiz bis zur Mitte der siebziger Jahre nur „kantonales“, nicht „eidgenössisches“ Banknotengeld haben. Das kantonale Notengeld bildete stets nur einen Teil des gesamten Banknotenumlaufs. Daher wäre eigentlich nur dieser Teil des Banknotenwesens hier zu betrachten. Die spätere Entwickelung der Notenbanken der Schweiz erfordert jedoch ein Einbeziehen auch der übrigen, rein privaten Banknoten in die Betrachtung. Dies geschieht jedoch nur, soweit es für die geldwirtschaftliche Lage von Bedeutung ist.

Im folgenden wird nur auf die geldwirtschaftliche und rechtliche Seite des Banknotengeldes eingegangen und die Organisation der Notenbanken nur in ihren Hauptlinien berührt. Alle banktechnischen Einzelheiten bleiben unerörtert.[1])

Ihrer Organisation nach zerfallen die Notenbanken der Schweiz in 2 Arten[2]): Solche, für deren Verbindlichkeiten aus der Notenausgabe der Staat ihres Sitzes voll haftet, und solche, bei denen die Aktionäre der Bank allein diese Haftung tragen.

Die ersteren sind einmal alle reinen Staatsbanken, bei denen der Kanton alleiniger Aktionär ist. Alsdann ist es selbstverständlich, daß der Staat die Garantie für die Verbindlichkeiten der Bank, also auch für die volle Einlösung der Noten in Kurantgeld, übernimmt.

Ebenso ist es selbstverständlich, daß die öffentlichen Kassen die Noten der Staatsbank zu ihrem Nennwerte in Zahlung nehmen. In der Kantonalbank erscheint der Staat als Fiskus; es hieße sich selbst verleugnen, wollte er seine eigenen Noten von seinen Kassen abweisen. Bei allen reinen Staatsbanken genossen daher ihre Noten Kassenkurs des Kantons.[3])

Die Banken, bei denen der Staat für die Notenausgabe haftet, sind z. T. aber auch sog. gemischte Staats- und Privatbanken, d. h. Staatsbanken mit Beteiligung des Privatkapitals oder umgekehrt. Bei diesen genießen die Noten natürlich ebenfalls Kassenkurs an den Kantonskassen. Wie bei den Noten der

---

[1]) Das Banknotenwesen der Schweiz ist in den beiden letzten Jahren wiederholt eingehend dargestellt worden (beste Darstellung von Landmann, 1905), sodaß es hier kürzer behandelt werden darf.

[2]) Die folgende Darstellung gilt für die ganze Periode von 1834 bis 1910.

[3]) Bisweilen ist dies ausdrücklich bestimmt, so für die Kantonalbank von Bern (§ 10 des Ges. v. 1. Mai 1898), für die Banque Cantonale Neuchâteloise (Art. 32 des Ges. v. 14. April 1882), für die Aargauische Bank (nur in den ersten Jahren ihres Bestehens), für die St. Gallische Kantonalbank (Art. 17 d. Ges. v. 9. Mai 1867), für die von Baselland (Art. 28 d. Ges. v. 13. Okt. 1873), für die in Zürich (Art. 9 d. Ges. v. 16. März 1902), für die Thurgauer (Art. 3. d. Ges. v. 25. Nov. 1869), für die Appenzell-Ausserrhodener (Art. 9 d. Ges. v. 24. April 1887), für die Schaffhauser (Art. 10 d. Ges. v. 13. März 1882), für die Glarner (Art. 11 d. Ges. v. 6. Mai 1883), für die Obwaldner (Art. 8 d. Ges. v. 26. April 1885), für die Solothurner (alt Art. 49 Abs. 2, neu Art. 8 d. Ges. v. 16. Juli 1895) und für die Luzerner Kantonalbank (§ 22 Abs. 4 d. Ges. v. 17. Mai 1885).

reinen Staatsbanken läuft der Kanton ja auch hier keine Gefahr im Falle einer Zwangsliquidation, denn er selbst muß für den vollen Betrag der Noten einstehen.

Die Noten dieser beiden Arten Notenbanken waren also „kantonales Geld“.

Bei der zweiten Hauptart der Notenbanken, den reinen Privatbanken, genossen die Banknoten keinen Kassenkurs, waren also nicht kantonales Geld, sondern nur Geld ihres Kundenkreises.

Die Beschaffenheit des kantonalen und später des eidgenössischen Notengeldes sowie seine funktionellen Stellungen sind sehr einfach.

Die Banknoten waren aus Handpapier hergestellt und nach Form, Farbe, Zeichnung usw. sehr verschieden.[1]) Ihrer Entstehung nach sind sie autogenisches Geld, da ihre Geltung rein auf Proklamation beruhte; sie sind notal, da ihre Ausgabe der Höhe nach beschränkt war.

Diese Höhe war verschieden bestimmt. Meist war durch das Statut der betr. Kantonalbank verfügt, daß der Große Rat oder die Regierung des Kantons die Höhe jeweils festzusetzen habe. Späterhin wurde vielfach die doppelte Höhe des Grundkapitals als Emissionsgrenze aufgestellt. Die durch die Deckungsvorschrift bestimmte Grenze war ebenfalls sehr verschieden. Die Deckung in Metallgeld wurde meist auf $^1/_3$—$^2/_5$ der Emission festgesetzt. Bei allen reinen Staatsbanken geschah die Deckung der übrigen $^2/_3$—$^3/_5$ der Notenausgabe durch Garantie des Kantons, bei den anderen durch Wechsel oder Wertpapiere.

Die gesamte Emission der Noten war stets besteuert, u. zw. unglücklicherweise die ganze überhaupt zugelassene Höhe. Diese Art der Besteuerung war zwar steuertechnisch sehr einfach, zwang aber die Banken, möglichst viel Noten in den Verkehr zu werfen, da sie ja doch die Steuer für alle zahlen mußten.

Emissionsgrenze und -Besteuerung hatten einen Mangel an Elastizität und eine Übersättigung des Umlaufs mit Noten

---

[1]) s. Angerhausen, Die Zentralnotenbankfrage i. d. Schweiz, S. 11.

später zur Folge. Bis Ende der siebziger Jahre war jedoch der Umlauf an Banknoten noch nicht so groß, daß dies empfindlich fühlbar wurde.

Die Stückelung der Banknoten war von 1 Fr. bis 1000 Fr. sehr mannigfach.

In der Annahme waren die Noten Privaten gegenüber natürlich nur fakultativ; man hatte nirgends den Annahmezwang für sie (Legalkurs, cours légal, legal tender) ausgesprochen. Man fürchtete, dieser werde der erste Schritt zur Uneinlösbarkeit (cours forcé) sein.

Stets waren die Noten einlösbar. Es wurde in Kurantgeld (bis 1860 Silbergeld, seitdem Goldgeld) eingelöst, wobei seit 1860 die Bank die Wahl hatte, ob sie Gold- oder Silbergeld abgeben sollte. Doch gab man 1860—70 wegen der Seltenheit des Silbers stets Gold.

Die Einlösung mußte am Sitz der Kantonalbank sofort erfolgen. An den Zweiganstalten war eine Frist von 24—72 Stunden dafür vorbehalten, um ev. das nötige Metallgeld vom Sitz der Bank herbeizuschaffen.

Die Schweiz kann sich rühmen, daß in ihrer Notenbankgeschichte kein Fall von Nichteinlösung vorgekommen ist.

Natürlich konnte das kantonale Notengeld nur akzessorisch behandelt werden. Wenn man aber bei großen Zahlungen die Wahl zwischen silbernen Fünffrankenstücken und Banknoten hatte, so nahm man der Bequemlichkeit halber diese.

Aus dieser an sich sehr beschränkten Stellung als Notengeld eines oder des anderen Kantons hat sich die Banknote im Laufe von über 70 Jahren ihre heutige öffentlich-rechtliche Stellung in der ganzen Schweiz erobert. Ihre wirtschaftspolitische Bedeutung nach innen und dem Auslande gegenüber hat sie zum eidgenössischen Gelde werden lassen. —

Das erstemal sah die Schweiz Banknoten im Anfang des neunzehnten Jahrhunderts in Gestalt der „bons de caisse“ (Kassenscheine) einiger Privatbankiers in Genf, Lausanne und Bern. Sie waren dem Publikum ungewohnt, ihre Einlösbarkeit zweifelhaft und ihr Umlauf daher nur ganz gering.

Die erste Notenbank war die 1834 gegründete Kantonalbank von Bern. 1845 folgte die Errichtung der Banque Cantonale Vaudoise in Lausanne und 1850 die der Banque Cantonale Fribourgeoise, beide Staatsbanken mit Beteiligung des Privatkapitals. Damit war bernisches, waadtländer und freiburger Notengeld geschaffen. Daneben entstanden als Privatbanken: 1836 die Bank in Zürich, 1837 in St. Gallen, 1844 in Basel, 1845 die Banque du Commerce in Genf, 1848 Banque de Genève, 1851 die Thurgauische Hypothekenbank, 1852 die Bank in Glarus. Die Emissionssumme war noch sehr gering; sie betrug 1848 7 Mill. Fr., oder 3,48 Fr. pro Kopf der Bevölkerung.

Die Einführung des eidgenössischen Münzsystems 1850–53 brachte in das Banknotenwesen die erste einheitliche Gestaltung. Die Noten lauteten von jetzt ab nur noch auf Franken, während sie bisher auf Gulden, Taler, Francs usw. gelautet hatten. In den nun folgenden beiden Jahrzehnten wurden folgende Staatsbanken gegründet: 1854 die Banque Cantonale Neuchâteloise und die Aargauische Bank, 1856 die Banque Cantonale du Valais, 1867 die St. Gallische Kantonalbank, 1868 die Basellandschaftliche, 1870 die Züricher, die Thurgauische und die Graubündner Kantonalbank. Daneben entstanden an Privatbanken: 1856 die Bank in Luzern, 1857 in Solothurn, 1860 die Tessiner Kantonalbank, 1862 die Bank in Schaffhausen und die für Graubünden, 1863 die Eidgenössische und die Toggenburger Bank.

Es bestanden also schon Mitte des Jahres 1870 11 Staatsbanken, d. h. kantonales Notengeld gab es in den Kantonen: Bern, Waadt, Freiburg, Neuchâtel, Wallis, Baselland, Aargau, Zürich, Thurgau, St. Gallen und Graubünden. Außerdem bestanden noch 14 private Notenbanken. Die Notenzirkulation betrug aber 1869 erst 17 Mill. Fr., oder 6,90 Fr. pro Kopf der Bevölkerung,[1]) war also verhältnismäßig gering. Davon waren „kantonales Notengeld“ etwa 7 Mill. Fr.

Diese Zahlen zeigen, wie wenig die Banknoten 1870 verbreitet waren. Die Geldmarktverhältnisse der Schweiz waren

[1]) Metallgeldumlauf damals etwa 50 Fr. pro Kopf.

noch sehr rückständig, die Banknoten hatten sich das Vertrauen größerer Kreise noch nicht erobert. Man kannte allenfalls die Noten der eigenen Kantonsbanken, hatte allenfalls noch Vertrauen in deren jederzeitige Einlösbarkeit, aber den Noten anderer Banken brachte man Mißtrauen entgegen, nahm sie häufig nur gegen ein Disagio[1]) an und suchte sie bald wieder abzuschieben. Die Zirkulation der Noten einer Bank blieb daher meist auf ein kleines Gebiet beschränkt, überschritt kaum die Kantonsgrenzen, und die Noten drangen nur langsam und spärlich in den kleineren Verkehr ein.

An den öffentlichen Kassen der Eidgenossenschaft (Post-, Zoll- usw. Kassen) wurden die Noten aus Gefälligkeit wohl hie und da genommen, aber nirgends genossen sie Kassenkurs für den Bund. Es gab 1870 nur kantonales und privates Notengeld.

Die Deckung der Banknoten war häufig mehr wie unsicher, so daß man dies mit Recht als Hemmungsgrund einer weiteren Verbreitung ansah. Daher machten sich schon, wenngleich ohne Erfolg, 1865 die ersten Bestrebungen bemerkbar, die Notenbanken unter ein Bundesgesetz zu stellen.

Bereits 1855 hatte das Handelskollegium in Basel in Zweifel gezogen, daß man eine Geldkrisis in der Schweiz ohne große Schäden werde überwinden können. Wenn einmal die östlichen Filialen der Banque de France ihre Barmittel den schweizerischen Banken nicht mehr zur Verfügung hielten (durch Diskontieren), so könne man eine Krisis nicht ohne weiteres von sich aus überstehen.

Die Eidgenossenschaft tat nichts für eine solche Eventualität, ja, sie warf sich 1866 durch die Gründung der lateinischen Münzunion völlig in die Arme des mächtigen Nachbarn Frankreich. Seitdem hing sie nicht nur im Münz- sondern auch im Banknotenwesen völlig von ihm ab. Jede Krisis in der Union mußte ihre Rückwirkung auf die Schweiz ausüben, die durch ein schwaches, schlecht gedecktes Banknotengeld ohnehin gefährdet war. —

---

[1]) Landmann, Das schweizerische Bankgesetz, 1905, S. 3.

Für Handel und Industrie gänzlich unerwartet erfolgte am 19. Juli 1870 die französische Kriegserklärung in Berlin. In London und Amsterdam schnellt der Diskontosatz auf 6%, in Leipzig und Berlin auf 9%, in der Schweiz auf 8% in die Höhe. Die Filialen der Banque de France lehnen jedes Diskontobegehren des Auslandes rundweg ab, die größten Banken in der Schweiz diskontierten überhaupt nicht mehr. „Die besten Wechsel auf fremde Plätze und die solidesten Wertpapiere waren während mehrerer Tage unverkäuflich."[1]) Die gefürchtete Geldkrisis war plötzlich mit voller Schärfe hereingebrochen. „Die ganze bisherige Kreditmaschinerie der Schweiz war auf die bedenklichste Weise ins Stocken geraten,"[1]) ein Mangel an Münzgeld trat ein, der auch im kleinsten, täglichen Verkehr empfindliche Störungen brachte. Die Geldsendungen aus Frankreich hörten vollständig auf, zumal auch die französischen Bankhäuser, die gewillt waren, ihren schweizerischen Freunden Geld zu senden, durch die Ausschreitungen des Pöbels daran gehindert wurden.

Dazu verlangte der Bund selbst am 22. Juli von dem Geldmarkt des Inlandes 5 Mill. Fr. durch Ausgabe von zu $4^1/_2$% verzinslichen Kassenscheinen.[2]) Kurz, der Geldbedarf stieg außerordentlich, jeder Geldzufluß von Außen fiel weg, der Geldmangel führte zu zahlreichen Fällen von Zahlungsunmöglichkeiten. In verschiedenen Kantonen (Bern, Aargau)[1]) wurden Moratorien (allgemeiner Zahlungsaufschub für die Schuldner) dekretiert, und häufig erschienen private Noten.

Am 22. Juli hatte der Bundesrat in Bern eine Versammlung von Mitgliedern der Bundesversammlung abgehalten, um über die Mittel zur Abhilfe zu beraten.[3]) Am 26. Juli tagte ebendort eine Versammlung von Abgeordneten der schweizerischen Bank- und Finanzwelt.[3]) Man verlangte Tarifierung ausländischer Goldmünzen aus Nichtmünzunionländern und

---

[1]) Konrad Keller, Die Krisis des J. 1870 in ihrer Wirkung auf die Schweiz, Gutachten des Handels- und Industrievereins, 1871, S. 19 ff

[2]) Bdbltt. 1870, III, 256.

[3]) Bdbltt. 1870, III, 820.

Gründung eines Bankvereins, um den Noten der 25 Banken den Umlauf durch die ganze Schweiz zu ermöglichen.

Die Folge war, daß der Bundesrat am 30. Juli, gestützt auf Art. 9 des Münzgesetzes vom 7. Mai 1850 betr. die Tarifierung anderer Münzsorten, wenn die Devise Paris $^1/_2$ % über Pari stehe, die eidgenössischen Kassen ermächtigte, den englischen Sovereign und Halbsovereign zu 25,20 bezw. 12,60 Fr. (damaliger Kursstand) anzunehmen.[1]) Das gleiche geschah am 10. August mit dem nordamerikanischen Dollar, der zu 5,15 Fr. tarifiert wurde.[1])

Die englischen Münzen bezog man durch Diskontieren von Wechseln auf London, die im Besitze der Notenbanken der Schweiz waren. Der Transport erfolgte durch Deutschland. Die englischen und amerikanischen Münzen erhielten durch diese Tarifierung Kassenkurs in der Schweiz, wurden also „schweizerisches Geld".

An nordamerikanischen Dollars wurden nur für 70000 Fr. in Umlauf gebracht. Denselben wurde der Kassenkurs am 4. Nov. 1870 durch Bundesratsbeschluß wieder entzogen,[2]) die eidgenössischen Kassen lösten die Münzen ein und schoben sie nach England ab.

An Sovereigns kamen über 10,5 Mill. Fr. in den Verkehr, also fast 4 Fr. pro Kopf der Bevölkerung. Ihre starke Verbreitung hat der Geldkrisis am meisten gesteuert.

Durch die Erhebung der Sovereigns und Dollars zu schweizerischem Gelde entstand zwischen der Schweiz einer- und England und den Vereinigten Staaten anderseits das Verhältnis einseitigen Synchartismus in bezug auf das Goldgeld. Diese Münzen waren, da sie in ihren Heimatstaaten frei ausprägbar waren, in der Schweiz bares Geld. Die Münzstätten lagen zwar im Auslande, aber die Schweiz war ja durch den einseitigen Synchartismus eine Geldprovinz Englands geworden.

Man hatte nicht das Stück Gold, das in England Sovereign hieß, — die Dollars kommen wegen ihrer geringen Zahl gar nicht in Betracht — tarifiert, sondern das „englische Geldstück

[1]) A. S. X, 287 ff. [2]) A. S. X, 306.

Sovereign". Daher war auch nicht nach dem Goldgehalt der Sovereigns, sonder nach dem Wechselkurs vom 30. Juli 1870 die Höhe von 25,20 Fr. festgesetzt. Man wollte die Münze nur entleihen, um den eigenen vorübergehenden Mangel zu decken, und sie nachher als englisches Geld wieder abschieben.

Man behandelte die Sovereigns als fakultatives und uneinlösbares Geld. Natürlich waren sie in akzessorischer Stellung.

Der Bundesrat hatte am 12. und 29. August 1870 zwei Kreisschreiben an die Kantone versandt, in denen er seine Maßnahmen zur Beseitigung der Geldkrisis darlegte.[1]) Die Verhandlungen zur Gründung eines Bankvereins dauerten fort, führten aber zu keinem Ergebnis. Die Selbstherausgabe von Banknoten lehnte der Bundesrat ab.

Die Friedenshoffnungen nach dem Siege von Sedan verhinderten weitere Maßnahmen, da die Krisis nachließ. Als der Krieg aber seinen Fortgang nahm, sah sich der Bundesrat zu definitivem Vorgehen gezwungen. Er brachte daher am 2. Dez. 1870 einen Gesetzesvorschlag zur Änderung des Art. 9 des Münzgesetzes von 1850 ein[2]) in dem Sinne, daß die Tarifierung des Bundesrats an keine Grenze gebunden und die tarifierten Geldsorten Kurantgeld für jedermann sein sollten. Als erstrebenswert erklärte man in richtiger Erkenntnis der Lage eine Unabhängigkeit vom Münzbunde bis zu gewissem Grade.

Die Bundesversammlung ging auf Veranlassung der Kommission des Nationalrats über den bundesrätlichen Vorschlag hinaus und beschloß, die Tarifierungsbefugnis sich vorzubehalten und Goldgeld selbst ausprägen zu lassen. Die diesbezüglichen zwei Gesetze wurden am 22. Dez. angenommen.

Das erste war ein Gesetz betr. Abänderung des Art. 9 des eidgenössischen Münzgesetzes vom 7. Mai 1850.[3]) Der neue Artikel lautete:

> Art. 9. Den öffentlichen Kassen der Eidgenossenschaft ist es untersagt, andere als gesetzliche Münzsorten in Zahlung zu nehmen.

---

[1]) Bdbltt. 1870. II, 183 bezw. 256.

[2]) Bdbltt. 1870, III, 943. [3]) A. S. X, 342.

In außerordentlichen Zeiten jedoch und, wenn Mangel an gesetzlichen Münzsorten eintreten sollte, behält sich die Bundesversammlung vor, für Münzen, die in anderer Währung geprägt sind, eine ihrem eigentlichen Gehalte entsprechende Wertung aufzustellen. Diese Wertung ist sodann für alle öffentlichen und Privatkassen auf Schweizergebiet verbindlich, und die so gewerteten Münzen sind den gesetzlichen Münzen gleichgestellt, solange die Tarifierung dauert.

Auf Grund dieser neuen Fassung wurde nun durch Bundesbeschluß vom gleichen Tage der Sovereign zu 25,10 Fr. tarifiert und bestimmt, daß den Inhabern von Sovereigns von der Eidgenossenschaft die Differenz von 10 Rappen pro Stück zwischen der Tarifierung vom 30. Juli und der neuen ausbezahlt werde.[2]) Der Bundesrat setzte die Einlieferungsfrist auf den 31. Dez. fest.[3])

Für die neue Tarifierung zu 25,10 Fr. entschied man sich aus folgenden Gründen. Dem Goldgehalt nach hätte der nicht abgeschliffene Sovereign 25,22 Fr. Wert gehabt. Das Passiergewicht entsprach 25,06 $^1/_4$ Fr. In England wurden aber abgeschliffene Stücke nicht ersetzt, wenn sie unter das Passiergewicht gesunken waren, sondern zerschnitten und dem Inhaber zurückgegeben. Der umlaufende Sovereign hatte einen durchschnittlichen Goldwert von 25,15 $^3/_4$ Fr. Rechnete man hiezu noch die Unkosten des Bezugs aus London, so ergab sich ein Preis von etwa 25,21 Fr. für das Stück.

Diese Höhe (25,21) nahm man deshalb nicht, weil man mit Recht als ihre Folge eine Überschwemmung der Schweiz mit Sovereigns befürchtete. Die Banken hätten bei dem Bezug von Sovereigns einen bedeutenden Gewinn gemacht. Eine zu niedrige Tarifierung (etwa 25,00 Fr.) hätte natürlich nur den Erfolg, gehabt, daß kein Sovereign für diesen Preis in London erhältlich war.

Daher griff man mit Recht zu der Mittelhöhe 25,10 Fr. und zahlte die Differenz aus der Bundeskasse nach. Dazu war

---

[2]) A. S. X, 344. [3]) A. S. X, 352.

der Bund verpflichtet, denn er setzte ja denn Nennwert seines Geldes herab. Der Sovereign war schweizerisches, staatliches Geld, nicht etwa nur eine Handelsmünze.

Am 26. Juli 1871 erging ein Bundesratsbeschluß,[1]) durch den mit dem 10. August 1871 die Sovereigns außer Kurs gesetzt wurden. Bis dahin wechselten die eidgenössischen Kassen dieselben gegen Kurantgeld der Münzunion um. Im ganzen wurden 5526,5 Sovereigns eingeliefert und zum Kurse von 25,20 nach dem Auslande abgeschoben.[2]) So hatte die Tarifierung der fremden Münzen der Eidgenossenschaft keinen finanziellen Verlust gebracht. —

Das zweite der am 22. Dez. 1870 angenommenen Gesetze betraf die Goldprägung. Dasselbe lautet:[3])

Art. 1. Der Bundesrat ist ermächtigt sowohl für Rechnung des Bundes als für Rechnung dritter Personen diejenigen Goldmünzen auszuprägen, welche der Tabelle des Art. 2 im Münzvertrage vom 23. Christmonat 1865 entsprechen.

Art. 2. Die Größe der Prägungen für Rechnung des Bundes muß jeweilen durch die Bundesversammlung bestimmt werden.

Die Bedingungen der Prägungen für Rechnung dritter Personen sind durch ein Regulativ des Bundesrates festzustellen.

Art. 3. Auf die schweizerischen Goldmünzen ist der Art. 13 des Münzgesetzes vom 7. Mai 1850 nicht anwendbar.

Goldstücke, deren Gewicht durch Abnutzung um $1/2$ % unter die untere Fehlergrenze (Art. 2 des Münzvertrags vom 23. Christmonat 1865) gesunken ist, gelten nicht mehr als gesetzliches Zahlungsmittel.

Zugleich wurde ein Bundesbeschluß über Ausprägung von 10 Mill. Fr. in Zwanzigfrankenstücken gefaßt,[4]) jedoch wegen der hohen Goldpreise in den nächsten Jahren nicht ausgeführt.[5])

Am 20. Januar 1871 wurde ein Regulativ über die Münzfabrikation,[6]) am 15. Jan. 1873 über die Prägung von Goldmünzen

[1]) A. S. X, 524. [2]) Bdbltt. 1872, II, 394.
[3]) A. S. X, 346. [4]) A. S. X, 348. [5]) Bdbltt. 1872, II, 413.
[6]) A. S. X, 373.

für Rechnung dritter Personen[1]) erlassen. In letzterem wurde der Preis des kg Goldes 9/10 fein abzüglich des Schlagschatzes von 5‰ auf 3084,50 Fr. festgesetzt.[2]) Jedoch fanden in den siebziger Jahren wegen des hohen Goldpreises in London keine Prägungen in Bern statt.

Diese Freigabe der Goldprägung in der Schweiz hatte auf das Geldsystem keinerlei Einfluß. Das Gold war ja schon seit 1860 frei ausprägbar, nur lag die Münzstätte in Frankreich. Als solche war besonders die Straßburger Münze benutzt worden, deren Prägungen aber durch die Erwerbung des Elsasses für das Deutsche Reich ihr Ende gefunden hatten. —

Das rasche Überstehen der schweren Geldkrisis des Jahres 1870 ist neben der Tarifierung der Sovereigns den raschen deutschen Siegen im August 1870 zuzuschreiben. Dadurch wurde die Gefahr einer Verwickelung der Schweiz in den deutsch-französischen Krieg beseitigt und die Geldmarktlage wieder beruhigter.

Außer den unvermeidlichen hohen Diskont- und Zinssätzen brachte die Krisis der schweizerischen Volkswirtschaft keine Verluste. Aber sie warf ein grelles Licht auf die schiefe Lage des schweizerischen Geldwesens. Die völlige Abhängigkeit von Frankreich war klar zutage getreten. Die Zustände im Banknotenwesen waren fast kläglich, die Hilflosigkeit der Schweiz im Falle einer größeren Ausdehnung des Krieges über Italien und Österreich eine völlige. Wie ernst die Lage war, beweist die Anschaffung von 20 Mill. Fr. Papiergeld, die ev. ausgegeben werden sollten:[3]) Uneinlösbares Papiergeld eines Landes, das politischen Frieden und wirtschaftlichen Wohlstand genoß!

Die siebziger Geldkrisis bildet seit 1850 den Wendepunkt der schweizerischen Geldgeschichte. Seitdem beginnen die Bestrebungen, dasselbe zu sanieren, Bestrebungen, die allerdings recht langsam zu Erfolgen führten, deren Zielpunkt aber die Schaffung eines eigenen, unabhängigen Geldwesens ist.

---

[1]) A. S. XI, 96.

[2]) Für diese Prägungsfreiheit des Goldes wurde die Münzstätte 1871 umgebaut (Bdbltt. 1862, II, 412).

[3]) Bdbltt. 1870, III, 820.

§ 8.

DIE BEKÄMPFUNG DES SILBERGELDZUFLUSSES. 1871—1882.

Im Jahre 1872 machte sich im Verkehr ein Mangel an Goldgeld fühlbar.[1]) Es fand nämlich eine starke Mehrausfuhr von Gold in Barren und Münzen aus Frankreich statt (1871—73 durchschnittlich für 125 Mill. Fr. jährlich). Die Zahlung der französischen Kriegsentschädigung an Deutschland erfolgte z. T. ebenfalls in Gold, so daß sich der Goldgeldumlauf der Union erheblich verringerte.

Das ungeprägte Gold Amerikas und Australiens und die Goldmünzen der lateinischen Münzunion flossen nach Deutschland und Skandinavien, da dort das Gold vorteilhaft an die Münzstätten verkauft werden konnte. In beiden Ländern war durch die Einführung der Goldwährung mit Barverfassung des Goldes nach 1871 ein starker Bedarf an Goldmetall entstanden.

Nach den Münzstätten der lateinischen Münzunion wandte sich der Goldstrom einmal deshalb nicht, weil in Deutschland das Kilogramm Barrengold höher bezahlt wurde, und zum andern, weil in Frankreich und Belgien die Goldfreiprägung 1872 und 1873 sistiert und bis 1879 sehr beschränkt war.

Aus diesen Verschiebungen des Goldabsatzgebietes nach Mittel- und Nordeuropa erklärt sich der Mangel an Goldgeld im Verkehr der Münzunionsländer. —

1872 zeigte sich aber auch eine Zunahme des Umlaufs an silbernen Fünffrankenstücken. Dieselbe rührte daher, daß diese Münzen durch die Einführung der Reichsgoldwährung aus Deutschland, bes. aus Elsaß-Lothringen vertrieben wurden[2]) und in die Schweiz und Frankreich zurückkehrten.

Von 1873 ab trat nun aber als vorherrschende und bei weitem auffallendste Erscheinung im Geldwesen ein außeror-

---

[1]) Bdbltt. 1873, II, 232 und 246.

[2]) M. Wirth, Die Notenbankfrage in Bez. z. Währungsreform in Östr.-Ung. 1894, S. 71.

dentlich starker Zufluß von silbernen Fünffrankentalern ein. Dieser hatte folgende Gründe:

Seit Anfang der sechziger Jahre war die Silbermetallproduktion der Erde gestiegen. Sie betrug[1])

1851—60	im Durchschnitt	202	Mill. Fr. jährlich
1861—65	„ „	249	„ „ „
1866—70	„ „	299	„ „ „
1871—75	„ „	430	„ „ „
1876—80	„ „	475	„ „ „

Bis 1868 war das Silber meist nach Indien und zu Handelszwecken nach dem Osten überhaupt abgeflossen. Dieses hörte seitdem auf, das Silbergeld kehrte aus den östlichen Ländern infolge der beruhigten Lage wieder zurück; die Mehrproduktion seit 1866 floß nicht nach dem schon überfüllten Silberwährungsland Indien, konnte aber auch seit 1872 nicht mehr nach Deutschland und Skandinavien fließen, da dort die Silberfreiprägung gesperrt wurde.

Die Folge dieser Verschiebung und bes. Verringerung des Absatzgebietes und der Vermehrung der Produktion von Silber war ein Steigen des Angebotes bei sinkender Nachfrage auf dem Edelmetallmarkte. Der Londoner Silberpreis pro Unze Standardsilber ($^{37}/_{40}$ fein) stand seit 1866 nie über $60\frac{1}{2}$ (entspricht einem Wertverhältnis von 1 : 15,6 zwischen Gold und Silber), dann fiel er[2]) und stand

1871	auf	$60\frac{1}{2}$	(Gold zu Silber:	1 : 15,58)
1872	„	$60\frac{5}{16}$	(„ „ „	1 : 15,64)
1873	„	$59\frac{1}{4}$	(„ „ „	1 : 15,93)
1874	„	$58\frac{5}{16}$	(„ „ „	1 : 16,16)
1875	„	$56\frac{7}{8}$	(„ „ „	1 : 16,63)
1876	„	$52\frac{3}{4}$	(„ „ „	1 : 17,80)
1877	„	$54\frac{13}{16}$	(„ „ „	1 : 17,19)
1878	„	$52\frac{9}{16}$	(„ „ „	1 : 17,96)
1879	„	$51\frac{1}{4}$	(„ „ „	1 : 18,39)
1880	„	$52\frac{1}{4}$	(„ „ „	1 : 18,06)
. . .	. . .	. . .	. . .	. . .
1885	„	$48\frac{5}{8}$	(„ „ „	1 : 19,39)

[1]) Soetbeer, Materialien, 1886, S. 3. [2]) Ebendort, S. 18—20.

Da nun das Silber in den Münzstätten nach dem bestimmten Satz von 220,56 Fr. pro kg zur Ausprägung angenommen werden mußte, so strömte es bei sinkendem Silberpreis natürlich in die Münzstätten der lateinischen Münzunion. Hier, bes. in Brüssel und Paris, wurde es zu Fünffrankentalern ausgeprägt, da diese ja noch bares Silbergeld waren.

Es wurde geprägt[1]) (in Mill. Fr.):

im Jahre	in Frankreich	in Belgien	in Italien
1871	4,7	23,9	36,0
1872	0,3	10,2	35,6
1873	154,6	111,7	42,2
1874	59,9	12,0	60,0
1875	75,0	14,9	50,0
1876	52,6	10,7	31,9
1877	16,4	—	22,0
1878	1,8	—	9,0
1879	—	—	20,0
1880	—	—	—

Die Folge der starken Prägungen (von 1871—73 allein für über 400 Mill. Fr.) war natürlich eine übermäßige Vermehrung der Fünffrankentaler. Da das Goldgeld selten wurde, so mußten große Zahlungen in Silberkurantgeld zu 5 Fr. geleistet werden. Dies war einerseits sehr unbequem,[2]) andererseits staute sich das Silbergeld in den öffentlichen Kassen. Dadurch wurde die herrschende Goldwährung bedroht; denn es lag die Gefahr nahe, daß die Silberobstruktion eine Silberwährung erzwingen werde.

Um einer solchen Überschwemmung durch Silbergeld zu entgehen, weigerten sich die beiden wichtigsten Banken in der Münzunion, die Banque de France und die belgische Nationalbank, weiterhin Fünffrankenstücke nicht französischen bezw. nicht belgischen Gepräges anzunehmen. Dies traf die schweizerische Bankwelt sehr hart. Man war gewohnt gegen Bezahlung von

[1]) Soetbeer, Materialien, 1886, S. 27.

[2]) 100 Fr. in Goldkurantgeld wogen 32,25 gr, 100 Fr. in Silberkurantgeld 500 gr. Zu diesem Gewichtsverhältnis von 1 : 15,5 kam bei Geldsendungen noch das Raumverhältnis, das etwa 1 : 20 betrug!

Fünffrankentalern an die Filialen der Banque de France Wechsel auf diese ziehen zu können. Nun wurde diese Möglichkeit auf einmal abgeschnitten oder doch erschwert, da man nur französische Fünffrankenstücke hierzu benutzen sollte.

Diese Lage der Geldverhältnisse, wachsende Überschwemmung mit silbernem Kurantgeld, das von Jahr zu Jahr unterwertiger wurde, beunruhigte die Finanzwelt der Münzunionsstaaten sehr. Die Schweiz hatte schon 1860 ihre Schaffung von Silberscheidegeld für den ersten Schritt zur alleinigen Barverfassung des Goldgeldes erklärt. Bei der Gründung der Münzunion hatte sie die Einführung derselben befürwortet, war damit aber nicht durchgedrungen. Nachdem nun Deutschland, die skandinavischen Länder und England zur alleinigen Freiprägung des Goldes endgiltig übergegangen waren, erhob sich die alte Forderung in Handels- und Industriekreisen immer wieder. Auch in Frankreich und Belgien verlangte man die Beseitigung der Silberfreiprägung, aber die Kriegsereignisse hemmten die Entwickelung, und so unterblieb die Sperrung der Silberfreiprägung.

Als nun 1873 das Silbergeld in Massen in den Verkehr einströmte, war schleunige Abhilfe notwendig. Den einzelnen Münzunionsstaaten waren die Hände gebunden. Sie konnten nur gemeinsam vorgehen.

Daher fragte die Schweiz, veranlaßt durch eine Eingabe des schweizerischen Handels- und Industrievereins im Juni 1873 bei Belgien an, wie es sich zur Einberufung einer Münzkonferenz stelle. Belgien lehnte ab: Sein Finanzminister hatte die tägliche Ausprägungshöhe von Fünffrankenstücken auf 150000 Fr. (= 30000 Stück) beschränkt.

Frankreich folgte zwar dieser Maßregel Belgiens, indem es die Prägung auf 200000 Fr. täglich beschränkte, beruhigte sich aber nicht dabei. Denn als die Schweiz nun unmittelbar bei Frankreich anfragte, lud dies die Münzunionsstaaten zu einer Konferenz nach Paris im Dezember 1873 ein.[1])

Die Konferenz fand im Januar und Februar 1874 in Paris statt und beriet über die zur Abwehr des Silberüberflusses zu

[1]) Bdbltt. 1874, I, 1027 ff.

ergreifenden Mittel. Die Schweiz ließ durch ihre Vertreter (Nationalrat Feer-Herzog und Legationsrat Lardy) alleinige Barverfassung des Goldgeldes und Rückzug des italienischen Papiergeldes verlangen.

Die letztere Forderung wurde erhoben, da das italienische Silberscheidegeld zu 2 bis $^1/_5$ Fr., durch das Papiergeld gleichen Nennwerts aus Italien vertrieben, die Schweiz überschwemmte. Diese Störung konnte natürlich nur durch Rückzug des kleinen Papiergeldes gehoben werden. Die Münzunion war aber nicht in der Lage, Italien dazu zu zwingen.

Am 31. Januar 1874 schlossen die Vertreter von Belgien, Frankreich, der Schweiz und Italien eine „(I.) Nachträgliche Übereinkunft zu dem Münzvertrag" ab.[1]) Am 25. Juni wurde dieselbe von der Bundesversammlung gutgeheißen.

Diese Übereinkunft beschränkte die Höhe der Ausprägung von Fünffrankenstücken in der ganzen Union für das Jahr 1874 auf 120 Mill. Fr., wovon auf die Schweiz 8 Mill. Fr. entfielen. Die Staaten, die Papiergeld ausgegeben hatten, durften nur soviel ausprägen, als nach Abzug ihres Papiergeldes von ihrem Kontingent noch übrig blieb.

Für die Kontingente war als Höhe die bereits 1873 für Frankreich von sich aus angesetzte Grenze maßgebend, d. h. 200000 Fr. pro Tag und Staat von etwa 40 Mill. Einwohnern bei 300 Arbeitstagen im Jahr. Ein Beweis, wie abhängig die Union von Frankreich war!

Diese Maßregel der Kontingentierung des Fünffrankengeldes war bei der herrschenden Lage die einzig mögliche. Man wußte nicht, ob die Abwärtsbewegung des Silberpreises fortdauern werde, und wollte sich daher nicht binden. So beschränkte man die Gefahr der Überflutung auf ein allerdings sehr reichliches Maß.

Es wurde ferner bestimmt, daß über die „Annahme und Rückweisung von Beitrittsbegehren das Einverständnis" aller Teile der Union erforderlich sein solle (Art. 4 und 5).

Außerdem verpflichteten sich die Banque de France und die belgische Nationalbank, die fremden Fünffrankenstücke au

[1]) A. S. Neue Folge (N. F.) I, S. 97.

ihren Kassen wieder anzunehmen. Dieser Teil der Übereinkunft war besonders für die Banken der Schweiz von größter Bedeutung.

Die Schweiz machte von ihrem Prägerecht voll Gebrauch, geradeso wie die übrigen Unionsstaaten.[1]) —

In Befolgung des Art. 3 der ersten Übereinkunft trat im Januar 1875 eine zweite Konferenz in Paris zusammen. Am 5. Febr. 1875 wurde eine „II. Nachträgliche Übereinkunft betr. die Fabrikation von Silbermünzen" unterzeichnet,[2]) die am 25. Juni von der Bundesversammlung genehmigt wurde.

Diese Übereinkunft setzte die Kontingente für Ausprägung von Fünffrankenstücken für das Jahr 1875 um ein Viertel höher an, als die vorjährigen (Art. 1 und 2). Außerdem wurde bestimmt, es dürfe kein Staat im Jahre 1875 mehr als bis zur halben Höhe seines Kontingents Münzscheine (Papiergeld) ausgeben. Die Schweiz, die 10 Mill. Fr. prägen durfte, hätte also 5 Mill. Fr. Papiergeld ausgeben können.

Natürlich war diese Bestimmung gänzlich wertlos. Wer wollte Italien oder gar Frankreich hindern, beliebig viel Papiergeld auszugeben, wenn dies sein Staatsinteresse verlangte?

Die Schweiz prägte diesmal im Gegensatz zu den anderen Staaten, die ihre Kontingente wieder voll ausprägten, nichts aus.[3]) —

In Ausführung des Art. 5 der zweiten Übereinkunft trat im Januar 1876 wieder eine Konferenz in Paris zusammen. Am 3. Febr. 1876 schloß man eine dritte Übereinkunft ab, die am 1. Juli von der Bundesversammlung genehmigt wurde.[4])

Ihr Inhalt war der gleiche wie der der zweiten Übereinkunft, nur daß die Gesamthöhe der Kontingente wieder auf 120 Mill. Fr. reduziert wurde. Auch diesmal prägten die Staaten im

---

[1]) s. ob. die Tabelle. Von den 8 Mill. Fr. eidgenössischer Fünffrankenstücke wurden wegen ungenügender Maschinen der Berner Münzstätte 7 Mill. Fr. in Brüssel ausgeprägt (Bdbltt. 1875, II, 156).

[2]) A. S. N. F. I, 797.

[3]) Bdbltt. 1876, II, 631. Auch beschloß man, den Münzreservefond nicht mehr zu verzinsen (A. S. N. F. I, 585).

[4]) A. S. N. F. II, 497.

Gegensatz zu der Schweiz, die sich jeglicher Prägung enthielt, ihr Kontingent voll aus.[1])

Da die Silberentwertung fortdauerte, kam man für 1877 und 1878 überein, keine Prägungen vorzunehmen.[2]) Die Überzeugung hatte sich durchgerungen, daß eine weitere Vermehrung des unterwertigen Silberkurantgeldes, dessen Umlauf bereits 3500 Mill. Fr. betrug, unangebracht sei. Einerseits waren diese Münzen für den Verkehr sehr unbequem, anderseits befürchtete man — in völlig metallistischer Auffassung — ein starkes Disagio dieser Münzen.

Nun hatte man sich dem Vertrag entsprechend zum 31. Dez. 1878 den Münzvertrag vom 23. Dez. 1865 gekündigt und mußte daher über dessen Fortbestehen beraten. Die Konferenzen fanden im Oktober und November 1878 in Paris statt und führten am 5. November 1878 zum Abschluß eines neuen Münzvertrages und einer (IV.) Deklaration betr. die Fabrikation von Silbermünzen im Jahre 1879. Am 24. März 1879 bezw. 20. Dez. 1878 nahm die Bundesversammlung die Genehmigungsanträge des Bundesrats an.[3]) Dazu trat am 11. Juni 1879[4]) eine Zusatzakte zur Vereinbarung über die Vollziehung des Art. 8 des neuen Münzvertrags. Dieselbe wurde am 20. Juni 1879 genehmigt.[5])

In dem Münzvertrag vom 5. Nov. 1878 war nur wenig an der Fassung des Vertrages vom 23. Dez. 1865 geändert. Außer redaktionellen Änderungen in Form und Ausdruck war folgendes anders[6]) bestimmt:

Art. 5 war, da erledigt, gestrichen; an seine Stelle trat Art. 6 des alten Vertrages. Von Art. 7 blieb nur der erste Absatz als Art. 6 bestehen, das übrige wurde, da erledigt, gestrichen. Art. 8 wurde Art. 7 des neuen Vertrages. Dann lautete der neue

---

[1]) Bdbltt. 1877, II, 572.

[2]) Man gab dabei dem Fürsten von Monaco die Erlaubnis, 2 Mill. Fr. Goldgeld mit eigenem Stempel prägen zu lassen, und erteilte diesen Münzen den Kassenkurs (Bdbltt. 1878, III, 758).

[3]) A. S. N. F. IV, 319 bezw. 292.

[4]) Das Datum hier nach Bdbltt. 1879, III, 65 berichtigt.

[5]) A. S. N. F. IV, 328. [6]) Vgl. den Wortlaut in § 6.

„Art. 8. Um der italienischen Regierung, welche erklärt hat, ihr kleines Papiergeld unter 5 Fr. abschaffen zu wollen, dies zu erleichtern, verpflichten sich die andern Vertragsstaaten, die italienischen Silberscheidemünzen aus der Zirkulation zurückzuziehen und an ihren öffentlichen Kassen nicht mehr anzunehmen.

Diese Münzen werden an den öffentlichen Kassen der anderen Vertragsstaaten wieder zugelassen, sobald der Zwangskurs des Papiergeldes in Italien abgeschafft sein wird.

Sobald die Operationen betreffend den Rückzug der italienischen Münzen aus der internationalen Zirkulation zum Abschluß gelangt sein werden, gelten die Bestimmungen des Art. 7 in bezug auf Italien als aufgehoben.

Art. 9. Die Ausprägung von Goldstücken nach den Bestimmungen des Art. 2, mit Ausnahme derjenigen von goldenen Fünffrankenstücken, welche vorläufig eingestellt bleibt, ist jedem der Vertragsstaaten freigestellt.

Die Ausprägung von silbernen Fünffrankenstücken bleibt vorläufig eingestellt. Dieselbe kann wieder aufgenommen werden, sobald ein einstimmiges Einverständnis seitens der Vertragsstaaten in dieser Beziehung eingetreten sein wird."

Der bisherige Art. 9 ist als Art. 10 in den neuen Vertrag aufgenommen mit der Änderung, daß nur die nach den Grundsätzen des neuen Vertrages geprägten 2, 1, $^1/_2$ und $^1/_5$ Frankenstücke auf die Kontingente angerechnet werden (Abs. 3). Diese selbst sind folgende:

Belgien	33,0	Mill.	Fr.
Frankreich mit Algier	240,0	"	"
Griechenland	10,5	"	"
Italien	170,0	"	"
Schweiz	18,0	"	"

Art. 10 und 11 des alten Vertrags wurden Art. 11 und 12 des neuen mit einigen weiteren Bestimmungen über die Verfolgung der Falschmünzerei. Ebenso verschoben sich die Art. 12 bis 15 zu den neuen Art. 13 bis 16. Die Dauer des Vertrags wurde bis zum 1. Jan. 1886 und dann bei Nichtkündigung auf je ein weiteres Jahr erstreckt; sein Inkrafttreten wurde auf den 1. Jan. 1880, den Tag des Ablaufens des alten Vertrages, festgesetzt.

Durch die an diesen Vertrag angehängte vierte Deklaration betr. die Silbermünzen war die Ausprägung von Silberkurantgeld auch für das Jahr 1879 gesperrt, die Ausgabe von Münzscheinen verboten.[1])

Zugleich mit dem Abschluß des Vertrages verpflichteten sich auch die Banque de France und die belgische Nationalbank, die Fünffrankenstücke nichteinheimischen Gepräges an ihren Kassen zuzulassen. Diese Konzession war, wie oben erwähnt, besonders für die Schweiz sehr wertvoll, da ihre Banken aus den Filialen der Banque de France ihre Metallgeldbestände ergänzten und auf sie Wechsel zogen. Dieses letzte war aber erschwert, wenn die Banken in Frankreich und Belgien nur noch Fünffrankenstücke französischen und belgischen Gepräges annahmen.

Die einzige, irgendwie bedeutsame Änderung, die der neue Münzvertrag hervorrief, war die „vorläufige" Einstellung der Freiprägung des Silbers. Der Fünffrankentaler wurde damit aus barem Gelde zu notalem. Seit 1874 war er durch jedesmalige Übereinkunft auf ein Jahr für notal erklärt, indem er in seiner freien Ausprägbarkeit auf eine bestimmte Höhe beschränkt wurde. Von 1880 ab blieb er es für unbestimmte Zeit.

Im übrigen änderte sich an der Stellung des Fünffrankentalers nichts. Insbesondere blieb er uneinlösbar und — ein großer Fehler — Kurantgeld.

Daß die Einstellung der Freiprägung nicht bloß eine vorläufige sein werde, glaubte man in der Schweiz bereits seit 1874. Da man aber in Frankreich an dem alten Zustande der Barverfassung von Gold und Silber festhalten wollte, hielt man sich die Möglichkeit einer Wiederaufnahme der Silberfreiprägung offen (Art. 9 Abs. 2). Außerdem hoffte man, daß die Entwertung des Silbers nur eine vorübergehende sein werde und das alte Verhältnis 1 : 15½ wiederkehre.

[1]) A. S. N. F. IV, 320.

Dem Münzvertrag war ferner eine „Vereinbarung betreffend die Ausführung des Art. 8 des Vertrages“ angefügt, zu der am 11. Juni 1879 ein Zusatzakt erschien, der die erste Vereinbarung fast vollständig aufhob. Der Inhalt der beiden Verträge bezog sich auf den Rückzug der italienischen Silberscheidemünzen aus den nichtitalienischen Münzunionsstaaten. Dieser sollte nach folgenden Bestimmungen vor sich gehen:

Die italienischen Silberscheidemünzen werden bis zum 31. Dez. 1879 eingezogen, alsdann außer Kurs gesetzt und Anfang Januar 1880 an die französische Regierung abgeliefert. Diese stellt die Rechnung hierüber bis zum 31. Jan. 1880 mit der italienischen Regierung fest und hält die Münzen an der französisch-italienischen Grenze oder in Civita Vecchia zur Verfügung.

13 Mill. der aus Belgien, der Schweiz und Griechenland stammenden Münzen werden bis 15. Jan. 1880 an Italien übergeben, die in Frankreich eingesammelten etwa 87 Mill. Fr. bis 30. Juni 1880. Für erstere wird die Rückzahlung Italiens bis 15. Jan. erfolgen, für die letzteren in 4 Raten in den Jahren 1880—83 und zwar in Gold, Fünffrankenstücken, Wechseln auf Paris oder in Paris zahlbaren italienischen Schatzscheinen. Die Kosten des Rückzugs trägt Italien, das auch die liegenden Silberscheidemünzbestände mit 1,5 % verzinst.

Italien darf Silberscheidemünzen nur gegen Rückzug von Papiergeld unter 5 Fr. ausgeben. Der Umlauf an Papier- und Silberscheidegeld unter 5 Fr. darf 6 Fr. pro Kopf der Bevölkerung nicht überschreiten.

Zur Ausführung dieses Rückzuges in der Schweiz wurden am 25. Sept. und 3. Nov. 1879 die Umwechselungskassen bezeichnet.[1]) Es liefen für 3,2 Mill. Fr. italienische Scheidemünzen ein, die Mitte Januar 1880 in Como an Italien abgeliefert wurden.[2]) —

Nach Art. 5 des alten Münzvertrages und Art. 10 des neuen mußten vor dem 1. Jan. 1880 diejenigen Silberscheide-

[1]) Bdbltt. 1879, III, 379 und 644.

[2]) Bdbltt. 1880, II, 497.

münzen, die nicht zu $^{835}/_{1000}$ fein ausgebracht waren, aus dem Verkehr zurückgezogen sein. Die Schweiz hatte daher bis zum 1. Jan. 1879 ihre 1860—63 geprägten 2- und 1-Frankenstücke mit einem Feingehalt von $^{800}/_{1000}$ einzuziehen.

Dieser Rückzug fand vom Januar 1877 bis zum Dez. 1879 statt.[1]) Nachher wurden die alten Silberscheidemünzen verrufen und von den öffentlichen Kassen nur zu ihrem Silberwert (1,60 bezw. 0,80 Fr.) angenommen.[2]) Es liefen etwa 8 Mill. Fr. solcher Münzen ein, so daß etwa $^1/_4$ der Emission ausblieb.[3])

An die Stelle dieser zurückgezogenen Münzen mußten natürlich neue, nach den Bestimmungen der Münzverträge geprägte treten. So wurden von 1874 bis 1882 für 18 Mill. Fr. Zwei-, Ein- und Halbfrankenstücke — soviel war der Schweiz durch den Vertrag vom 5. November 1878 zugestanden — ausgeprägt.[4])

Ferner wurde durch die Gesetze vom 29. März 1879[5]) und 30. April 1881[6]) die Legierung für das Zehn- und Fünf- sowie das Zwanzigrappenstück geändert. Unter Aufhebung der gegenteiligen Bestimmungen der Art. 4 und 10 des Münzgesetzes vom 7. Mai 1850 wurde beschlossen, diese Scheidemünzen künftighin aus möglichst reinem Nickel[7]) in einem Gewicht von 3,2 und 4 gr.[8]) herzustellen. Von diesen Stücken wurden für 1,5 Mill. Fr. 1879 bis Ende 1882 ausgeprägt.[9])

---

[1]) A. S. N. F. III, S. 8. [2]) Bdbltt. 1878, II, 742.

[3]) Bdbltt. 1879, II, 292.

[4]) Vgl. die jährlichen Geschäftsber. d. Finanzdepartements je im Bdbltt. II, 1875—83. Der neue Stempel zeigt auf dem Avers eine stehende Helvetia mit Lanze und Schild sowie einen Kranz von 22 Sternen, auf dem Revers die Wertangabe in Eichen- und Alpenrosenkranz. Der Rand ist gerippt.

[5]) A. S. N. F. IV, 217.

[6]) A. S. N. F. V, 453.

[7]) 75% Nickel, 25% Kupfer (Bdbltt. 1883, II. 705).

[8]) Der Stempel zeigt auf dem Avers einen Helvetiakopf (von Schwenzer-Stuttgart) mit der Umschrift „Confoederatio Helvetica“, auf dem Revers die Wertangabe bei den Stücken zu 20 Rp. in Alpenrosen-, zu 10 Rp. in Eichen-, zu 5 Rp. in Reblaubkranz.

[9]) 1 Mill. Zwanzig-, 9 Mill. Zehn- und 8 Mill. Fünfrappenstücke.

Auch wurden in den siebziger Jahren jährlich fast stets 1 Mill. Einrappenstücke hergestellt, da diese Münzsorte sehr schnell abnahm.[1])

§ 9.

DIE SCHAFFUNG DES EIDGENÖSSISCHEN NOTENGELDES. 1871—1883.

Durch die Maßnahmen der Münzunionskonferenzen seit 1874 war die eine Gefahr für das Geldwesen, die Überschwemmung mit Silberkurantgeld, eingeschränkt, die andere, der Mangel an Goldgeld, wurde durch die Verbreitung der Banknoten und ihre Aufnahme in das schweizerische Geldsystem gehoben.

Wie sehr nach 1872 das Goldgeld aus der Münzunion verschwand, beweist der Umstand, daß in die Nord- und Ostschweiz die deutschen Goldstücke zu 20 und 10 M. eindrangen und dort starke Verbreitung fanden. Wiederholt (1874 und 1876) wurde an den Bundesrat das Ansinnen gestellt, die deutschen Goldmünzen zu tarifieren, jedoch mit Recht jedesmal von diesem abgeschlagen und den öffentlichen Kassen die Annahme dieser Stücke untersagt.[2])

Der Mangel an größerem Gelde rührte jedoch in der Hauptsache nicht von der Abnahme der Prägungen und dem Abfluß des Goldes aus der Münzunion her, sondern von dem seit 1870 außerordentlich gesteigerten Geldbedürfnis.

Mit dem Ende der sechziger Jahre bereits setzte in der Schweiz ein starker Aufschwung von Handel und Industrie ein. Der rasche Bau von Eisenbahnen, ihre Ausdehnung und die Dichtigkeit des Netzes, die Zunahme der Fremdenindustrie brachten einen regen Verkehr innerhalb des Landes und über die Grenzen. Das Anwachsen der Baumwoll- und Seidenindustrie im Nordosten und Norden, der Uhren- und Bijouteriewaren-

[1]) Münzdirektor A. Escher starb im Nov. 1879. Seit Januar 1880 war Edmund Platel aus Bern Münzdirektor (Bdbltt. 1880, I, 308).

[2]) Bdbltt. 1874, II, 899. Die deutsche Schweiz ist bei dem Frankensystem der kleineren französischen gegenüber immer benachteiligt.

fabrikation im Westen und der Maschinenindustrie erforderten sehr hohe Geldmittel nicht nur zur Errichtung und Gründung, sondern auch für den täglichen Umsatz. Besonders hat auch die Ausbreitung der Hausindustrie (Spinnerei usw.) im Nordosten eine Menge kleineres Geld für Lohnzahlungen erfordert[1]) und dieses dadurch größeren Zahlungen entzogen.

Das gesteigerte Geldbedürfnis erstreckte sich hiernach vor allem auf größere Geldsummen. Diese wurden nun nach 1872 durch Banknoten bezahlt. Das Goldgeld mangelte, das Silberkurantgeld zu 5 Fr. ist für große Summen unbrauchbar, die Banknote, wenn ihre Einlösbarkeit sicher, das denkbar beste Geldstück. Für die größten wie für die kleinsten Zahlungen ist sie gleich handlich und daher für den Verkehr in großen Summen außerordentlich geeignet.

Wie stark sich infolgedessen die Banknotenemission seit 1870 vermehrte, zeigt folgende Tabelle:[2])

Jahr.	Banken.	Umlauf in Mill. Fr.	pro Kopf in Fr.
1870	24	18,1	6,90
1871	28	24,8	9,25
1872	29	31,6	11,75
1873	29	47,8	17,60
1874	32	65,4	23,95
1875	32	77,3	28,10
1876	32	80,6	29,15
1877	34	83,1	29,85
1878	35	82,6	29,45
1879	36	83,7	29,70
1880	36	92,9	32,75
1881	36	99,4	34,85

Im Anfang der siebziger Jahre wurden nun verschiedene Versuche gemacht, eine Regelung des Notenbankwesens durch den Bund herbeizuführen. Den Anstoß hatte die Geldkrisis (s. § 7)

[1]) Besonders in St. Gallen.

[2]) Reichesberg, Handwörterbuch, Bd. I, S. 412.

gegeben, so daß schon im September 1870 ein Bericht des Finanzdepartements über die Banknotenfrage vorgelegt wurde.[1])

Mit diesem begann ein heftiger Streit in den beteiligten Kreisen; dabei handelte es sich vor allem um die Fragen des Notenmonopols, der Staats- oder Privatbank, der Zentralisation durch den Bund oder der Überlassung an die Kantone wie bisher. Allgemein war die Notwendigkeit einer Regelung der Banknotenfrage anerkannt, aber die beiden Richtungen eidgenössischer Parteien traten gerade hier scharf hervor. Die einen, die Anhänger der Stärkung des Bundes, wollten in letzter Linie die Bundesbank mit Notenmonopol. Die anderen, die Partikularisten, verlangten Bankvielheit und -Freiheit.[2])

Schließlich ging bei der Revision der Bundesverfassung im Jahre 1874 folgender Artikel durch:

„Art. 39. Der Bund ist befugt, im Wege der Gesetzgebung allgemeine Vorschriften über die Ausgabe und Einlösung von Banknoten zu erlassen. Er darf jedoch keinerlei Monopol für die Ausgabe von Banknoten aufstellen und ebenso keine Rechtsverbindlichkeit für die Annahme derselben aussprechen."

Durch die Annahme dieses Artikels hatten zwar die Partikularisten gesiegt, aber es war doch immerhin die Möglichkeit vorhanden, durch gesetzgeberische Eingriffe des Bundesrates die schwersten Schäden der herrschenden Zustände zu beseitigen.

1874—1876 wurden aber zwei vom Bundesrate eingebrachte Banknotengesetze vom Volke verworfen. Den einen ging man zu weit, den andern zu wenig gegen die Bankfreiheit vor.

Die Folge davon war, daß die Emissionsbanken selbst an die Besserung des Notenumlaufes gingen. Daher wurde am 8. Juli 1876 ein Konkordat von ihnen gegründet, das am 1. Sept. 1876 in Kraft trat, und dem von den 32 damals bestehenden Notenbanken 21 beitraten.

---

[1]) Bdbltt. 1871, I, 290 ff.

[2]) Wir behandeln die Notenbankfrage hier kürzer, da darüber eine umfassende Literatur besteht. Siehe bes. J. Ernst im Handwörterbuch von Reichesberg, Landmann, Angershausen; Pictet, Burkard-Bischoff, Cramer-Frey, J. Wolf, Godet.

Die wichtigste Bestimmung des Konkordats war die der gegenseitigen spesenfreien Notenannahme der Konkordatsbanknoten, soweit die eigenen Noten einer Bank von der betr. andern anstandslos angenommen wurden. Außerdem sollten sich die Konkordatsbanken wöchentliche Kassenausweise über ihre Notenzirkulation und ihren Metallgeldvorrat zusenden. Bei der Bank in Zürich wurde eine Abrechnungsstelle für den gegenseitigen Notenumtausch eingerichtet.

Am 31. August 1876 wurde nun durch Zirkular[1]) an alle Kassen der Eidgenossenschaft bestimmt, daß:

1. Die Noten der Konkordatsbanken von 50 Fr. und mehr an allen öffentlichen Kassen[2]) zum Nennwert an Zahlung genommen werden sollten,

2. in den Kantonen St. Gallen, Graubünden und Tessin die Noten der betr. Kantonalbanken Kassenkurs haben, jedoch nicht zu Geldsendungen nach Orten außerhalb des betr. Kantons verwandt werden sollten.

Diese Verfügung trat mit dem 1. Sept. 1876 in Kraft. Durch sie wurden die Noten aller bis 1876 gegründeten Banken (s. § 7)[3]) „schweizerisches Notengeld", denn sie genossen Kassenkurs an den öffentlichen Kassen der Eidgenossenschaft. Der Betrag dieses Geldes belief sich auf 76,392 Mill. Fr.

Wer einer solchen im Verkehr erhaltenen Note nicht traute, der konnte sie an den Bund, dessen Kassen sie laut gen. Verfügung annehmen mußten, abschieben. Daher lief er bei der Annahme keine Gefahr.

Die geschaffene Geldart hatte alle in § 7 beschriebenen Eigenschaften des „kantonalen Notengeldes". Es war autogenisches, einlösbares Papiergeld, dem Staate gegenüber Kurant-

---

[1]) Bdbtt. 1876, III, 525.

[2]) Staatskasse in Bern, Post-, Zoll-, Telegraphen- und Pulververwaltungskassen.

[3]) 1876 wurde noch eine neue kantonale Staatsbank, die Appenzell-Ausserrhodener Kantonalbank, gegründet. Die Banque Cantonale du Valais in Sitten liquidierte 1870, doch wurden alle rechtzeitig praesentierten Noten voll eingelöst.

geld, Privaten gegenüber fakultativ, und wurde daher akzessorisch behandelt.

Der Grund zu der Verleihung des Kassenkurses an die Noten der Konkordatsbanken liegt in der großen Bedeutung, die das Notenwesen 1876 erlangt hatte. Nachdem der Umlauf an Banknoten sich in den 7 Jahren 1869—76 um das Fünffache vermehrt hatte und bereits ¹/₃ des ganzen Umlaufs an staatlichen und privaten Zahlungsmitteln ausmachte; nachdem das größere Geld, das Goldgeld, sehr selten geworden und die Bequemlichkeit und Brauchbarkeit der Noten sich bewährt hatte, konnten die öffentlichen Kassen dieses Zahlungsmittel nicht mehr abweisen.

Die Erklärung des Kassenkurses war damals eine nachträgliche Billigung eines seit längerer Zeit gepflegten Gebrauchs. Jedenfalls machte sie keinerlei Aufsehen und ist nicht einmal im Berichte des Finanzdepartements an den Bundesrat über das Jahr 1876, geschweige denn irgendwo in der einschlägigen Literatur zu finden. Für unsere Auffassung vom Gelde ist sie außerordentlich wichtig, da sie juristisch von tiefgehender Bedeutung ist. Die wirtschaftliche Erheblichkeit des Vorganges trat damals nicht in Erscheinung, da die Banknote als „usuelles Geld“[1]) schon seit einigen Jahren von den Kassen angenommen wurde.

Wie gefährlich diese Aufnahme in das Geldsystem werden konnte, daran scheint man damals im Bundesrat nicht gedacht zu haben. In dem Konkordat befanden sich nur 9 Banken, für deren Verbindlichkeiten der Kanton ihres Sitzes haftete. Die übrigen 12 (später 15[2])) Privatbanken standen teils unter gar keinen, teils unter recht schlechten Gesetzen. War bei jenen ein Risiko nur gering, so war es bei diesen umso größer. Der Bund hatte noch keinerlei Einfluß auf die Einlösbarkeit dieser Banknoten, die Auskünfte des Konkordats waren recht spärlich und die Deckung bei mancher Bank, wie doch die Krisis im Juli 1870 gezeigt hatte, fragwürdig genug.

Solange der Bund noch keine Kontrolle über die Noten-

[1]) Laband, Staatsrecht d. d. Reiches, 3. Aufl. Bd. II, S. 151, Anm. 2.

[2]) Reichesberg, Handwörterbuch, Art. v. J. Ernst.

banken hatte, durfte man den Kassenkurs nicht aussprechen. Wohl war ein Konkordat vorhanden, wohl ein Notenbankgesetz im Laufe der Zeit zu erwarten, aber man durfte nicht nach den Erfahrungen von 1870, da man die Krisis doch weniger aus eigener Kraft, als dank der raschen deutschen Siege ohne Schaden überstanden hatte, nach dem zweimaligen Abweisen der Notenbankgesetzvorlage durch das Volk, der künftigen Regelung vorgreifend die Staatskasse mit einem unkontrollierten und anerkannt unsicheren Papiergelde belasten. Was wäre aus diesem geworden, wenn Ende der siebziger Jahre, was doch damals erwartet wurde, ein neuer deutsch-französischer Krieg ausgebrochen wäre? —

Im Laufe der nächsten fünf Jahre wurde nun ein Banknotengesetz entworfen und am 8. März 1881 angenommen. Die wichtigsten Bestimmungen desselben, soweit sie hier in Betracht kommen, sind folgende:

Die Ermächtigung zur Banknotenausgabe erteilt der Bundesrat (Art. 2). — Niemand muß Banknoten in Zahlung nehmen (Art. 4).[1] —

Bedingungen zur Erteilung der Konzession sind: Hauptsitz in der Schweiz, öffentliche Anstalt oder Aktiengesellschaft, öffentliche Rechnungsablage, eingezahltes Kapital von mindestens 500 000 Fr., Annahme der Noten anderer Emissionsbanken an Zahlung (Art. 7). — Die Notenemission darf die doppelte Höhe des vorhandenen eingezahlten Kapitals nicht übersteigen (Art. 8) und kann jederzeit vom Bundesrat begrenzt werden (Art. 9).

40 % der Emission müssen durch gesetzliches Metallgeld gedeckt sein und haften den Noteninhabern als Spezialfond ausschließlich (Art. 10 und 11), der Rest ist durch Kantonsgarantie, Staatspapiere oder durch Wechsel zu decken (Art. 12). — Die Hinterlegung geschieht bei einem Depositenamt des betr. Kantons (Art. 13).

Es dürfen keine anderen Noten als solche von 50, 100, 500 und 1000 Fr. ausgegeben werden. Die Noten von 50 Fr.

[1]) Gemeint sind nur Private, nicht die öffentlichen Kassen.

dürfen höchstens den vierten Teil des Emissionsbetrages einer Bank ausmachen (Art. 17). — Die Notenformulare stellt der Bund her. Diejenigen der einzelnen Banken unterscheiden sich nur durch den verschiedenen Aufdruck (Art. 18).

Alle Emissionsbanken haben die Noten aller Banken gegenseitig einzulösen und in Zahlung zu nehmen (Art. 20). — Besondere Konkordate unter den Notenbanken unterliegen der Genehmigung des Bundesrats (Art. 23). — Im Notfalle kann der Bundesrat die Bestimmung des Art. 20 sistieren.

Die Entscheidungsinstanz für Konkursstreitigkeiten ist das Bundesgericht.

Zwangsweise liquidierte Banken verlieren das Emissionsrecht (Art. 37).

Die Überwachung des Geschäftsbetriebes der Banken liegt dem Bunde ob (Art. 42), der hierfür ein Inspektorat errichtet. Die Banken haben Wochen-, Monats- und Jahresausweise einzusenden und werden mindestens einmal jährlich inspiziert (Art. 43 u. 44).

Die Notenbanken zahlen 1 ‰ Kontrollgebühr an den Bund von ihrer Emission (Art. 45). Die kantonale Banknotensteuer darf 6 ‰ nicht übersteigen (Art. 46).

Ferner enthielt das Gesetz noch Straf- und Übergangsbestimmungen in Art. 47 bis 54.

Zu diesem Gesetze erschienen in den folgenden vier Jahren noch Ausführungsbestimmungen über die Hinterlage der Wertschriften, die Verpflichtungen der Banken,[1]) das Banknoteninspektorat und seine Geschäftsführung,[2]) den Rückzug der ungültig gewordenen,[3]) den Austausch gegen neue,[4]) den Ersatz nicht mehr zirkulationsfähiger[5]) und die Einlösung alter Noten (durch die Staatskasse).[6])

Mit dem 1. Juli 1882 trat das neue Gesetz in Wirksamkeit. 29 Banken und im Jahr 1883 vier weitere hatten sich demselben unterstellt. Es waren dies folgende Institute:

---

[1]) A. S. N. F. Bd. V, S. 864 u. 869. [2]) A. S. N. F. VI, 193.
[3]) A. S. N. F. VI, 201. [4]) A. S. N. F. VII, 212.
[5]) A. S. N. F. VII, 286. [6]) A. S. N. F. VIII, 193.

Nr.	Name der Bank	Bewilligte Emissions-summme	Deckung von 60 % der Emission
1	St. Gallische Kantonalbank	8,0 Mill. Fr.	Kantonsgarantie
2	Basellandschaftliche Kantonalbank	1,5 „	„
3	Kantonalbank von Bern	10,0 „	„
4	Banca cantonale ticinese	2,0 „	Wertschriften
5	Bank in St. Gallen	6,0 „	Portefeuille
6	Crédit agricole et industr. d. l. Broye	5,0 „	Wertschriften
7	Thurgauische Kantonalbank	1,5 „	Kantonsgarantie
8	Aargauische Bank	4,0 „	„
9	Toggenburger „	1,0 „	Wertschriften
10	Banca della Svizzera Italiana	2,0 „	„
11	Thurgauische Hypothekenbank	1,0 „	„
12	Graubündner Kantonalbank	3,0 „	Kantonsgarantie
13	Kantonal-Spar- & Leihkasse Luzern	2,0 „	„
14	Banque du Commerce	20,0 „	Portefeuille
15	Appenzell-A-Rh. Kantonalbank	3,0 „	Kantonsgarantie
16	Bank in Zürich	6,0 „	Portefeuille
17	„ „ Basel	12,0 „	„
18	„ „ Luzern	2,0 „	Wertschriften
19	Banque de Genève	5,0 „	Portefeuille
20	Crédit Gruyérien	0,3 „	Wertschriften
21	Zürcher Kantonalbank	15,0 „	Kantonsgarantie
22	Solothurnische Bank	2,2 „	„
23	Bank in Schaffhausen	1,0 „	Wertschriften
24	Banque Cantonale Fribourgeoise	1,0 „	„
25	Caisse d'amortissement d. la dette p.	1,5 „	Kantonsgarantie
26	Banque Cantonale Vaudoise	8,0 „	„
27	Ersparniskasse d. Kantons Uri	0,3 „	„
28	Kantonale Spar- & Leihkasse Nidwalden	0,5 „	„
29	Banque populaire d. l. Gruyère	0,3 „	Wertschriften(10)
30	Banque Cantonale Neuchâteloise	3,0 „	Kantonsgarantie
31	„ Commerciale „	5,0 „	Portefeuille (6)
32	Schaffhauser Kantonalbank	1,0 „	Kantonsgarantie
33	Glarner „	1,5 „	„ (17)
	33 Banken mit	131,1 Mill. Fr.	

Die Noten der 33 Banken, die jetzt allein noch das Notenemissionsrecht besaßen, genossen natürlich alle den Kassenkurs der Noten des Konkordats von 1876 weiter. Dies wurde zwar nicht ausdrücklich bestimmt, geht aber aus der ganzen Entwickelung und indirekt aus Verfügungen des Finanzdepartements an die eidgenössischen Kassen mehrfach hervor.[1])

Zur Überwachung der Ausführung des Banknotengesetzes war das Inspektorat der eidgenössischen Emissionsbanken errichtet.[2])

So hatte von dem Jahre 1884 ab die Schweiz ein einheitliches Banknotengeld zu 50, 100, 500 und 1000 Fr. unter Kontingentierung der Gesamtemission durch den Bundesrat (Art. 9) und der Emission der 50-Frankennoten auf nicht mehr als ein Viertel dieser Gesamtemission. Die Noten[3]) unterschieden sich ihrer Herkunft nach nur durch die 2—3 Unterschriften der jeweiligen Bankdirektoren. —

Die Eidgenossenschaft hatte durch das Banknotengesetz vom Jahre 1881 sich zwar einen bestimmenden Einfluß auf die Höhe der Zirkulation und deren Zusammensetzung, sowie auf die Grundzüge der Deckungsart gesichert, aber zu einer einheitlichen Leitung der Notenpolitik hatte sie es nicht gebracht. Besonders fehlte jeglicher Einfluß auf die Diskontopolitik der 33 Banken, die doch mit der Notenzirkulation und deren Elastizität aufs engste zusammenhing.

Die 1881 erlangte Einheitlichkeit im Notenwesen war eine mehr äußerliche, eine durchgreifende Besserung war nicht erzielt. Vor allem war die Deckung der Noten noch immer nicht zeitgemäß gesichert, und das Fehlen einheitlich geleiteter Diskontopolitik wurde bald fühlbar. —

In der ersten Hälfte der siebziger Jahre herrschte in der Schweiz noch die seit 1860 bestehende Goldwährung. Seitdem

---

[1]) z. B. Bdbltt. 1883, III, 547, betr. bestempelte Noten.

[2]) Erster Inspektor war O. Scherer (Bdbltt. 1882, I. 20).

[3]) Die neuen Noten waren auf Handpapier in England gedruckt. Der Entwurf der Zeichnung stammt von Prof. Stork in Wien, die Helvetiafigur von Kunstmaler Walch in Bern.

Übersicht über das schweizerische Geldsystem i. J. 1884.

Geltung	Gepräge	Beziehungen zum Metall			Funktionelle Unterschiede der				Rechtsstellung
		platische,	genetische,	dromische,	Annahme beim Staat,	Annahme bei Privaten,	Einlösbarkeit	Behandlung	
100, 50, 20, 10 Fr.	Belgisch Französisch Italienisch Griechisch Eidgenössisch (Monaco)	Gold	bar	vollwertig	Kurantgeld	Kurantgeld	uneinlösbar	valut. | akzess.	Unionsgeld
5 Fr.			notal					akzess. | valut.	
2, 1, 1/2, 1/5 Fr.	Belg., Franz., Ital., Griech.	Silber		unterwertig	Scheidegeld (bis 100 Fr.)	fakultativ	uneinlösbar	akzessorisch	
2, 1, 1/2 Fr.	Eidgenössisch				Kurantgeld	(—50 Fr.)			
20, 10, 5 Rp.		Nickel			Scheidegeld	Scheidegeld (—20 Fr.)			nur eidgenössisches Geld
2, 1 Rp.		Kupfer				(—1 Fr.)			
1000, 500, 100, 50 Fr. [Noten]		Handpapier			Kurantgeld	fakultativ			

aber die starke Vermehrung des Silberkurantgeldes eingetreten war, sah sich die Schweiz nicht mehr in der Lage, dieselbe aufrecht zu erhalten. Seit 1878 herrscht eine schwebende Währung. Da Goldgeld und silbernes Fünffrankenstück Kurantgeld und uneinlösbar sind, hat der Staat die Wahl, welche Geldart er valutarisch behandeln will.

Entweder hatte seitdem die Schweiz eine Goldwährung, dann war das notale Silberkurantgeld akzessorisch, oder sie hatte Silberwährung, dann war das bare Goldgeld akzessorisches Kurantgeld.

Dieser Umstand war für den innerschweizerischen Verkehr ohne Nachteil, abgesehen von der Unbequemlichkeit des Silberkurantgeldes. Für den Verkehr nach den Unionsländern war die seit 1860 bestehende Gefährlichkeit zweier Kurantgeldarten nicht beseitigt. Man hätte 1878 das Fünffrankenstück zum Scheidegeld machen müssen. Dazu schritt man einmal nicht, weil die Anzahl dieser Silbertaler zu groß schien, zum andern, weil man in Frankreich prinzipiell an der „Doppelwährung“ (Barverfassung von Gold und Silber) festhalten wollte.[1]) Diese Belassung des Fünffrankenstückes in der Stellung als Kurantgeld rief in der Folge einerseits eine starke Vermehrung des Notengeldes (da dieses bequemer) hervor, anderseits ist sie der Grund zu der Silberdrainage seit 1885.

---

[1]) Daher die „vorläufige“ Einstellung der Silberfreiprägung.

V. Abschnitt.

ANFÄNGE DER NATIONALISIERUNG UND ZENTRALISATION DES SCHWEIZERISCHEN GELDWESENS SEIT 1883.

§ 10.

NEUGRÜNDUNG UND REFORMEN IN DER MÜNZUNION SEIT 1883.

Die Entwickelung des Geldwesens der Schweiz zeigt seit 1883 keine bedeutenderen Veränderungen mehr. Im allgemeinen blieb alles auf dem 1878/82 erreichten Zustande stehen. Seit Anfang der achtziger Jahre macht sich aber die bereits im Juli 1870 entstandene Tendenz immer mehr geltend, unabhängiger zu werden von der Politik der Münzunion. Diese Nationalisierungstendenz zeigte sich bereits bei der Neugründung der Münzunion im Jahre 1886 und hat sich stärker seit Mitte der neunziger Jahre bemerkbar gemacht. Der erste Schritt auf diesem Wege ist die Schaffung der Liquidationsklausel, der zweite die Eröffnung der Nationalbank im Juni 1907, der letzte wird die Auflösung der lateinischen Münzunion sein.

Schon im Juli 1882 sollte auf Verlangen Italiens[1]) eine neue Münzkonferenz stattfinden, um über Feingehalt und Kontingentshöhe der Silberscheidemünzen zu beraten. In Italien war nämlich trotz des Rückzugs der italienischen Silberscheidemünzen aus den nichtitalienischen Unionsländern ein Mangel an dieser Geldart eingetreten. Das gleiche empfand man auch in der Schweiz, so daß diese wiederholt von Frankreich Halbfrankenstücke kommen ließ.[2]) Die beantragte Konferenz scheiterte jedoch noch vor ihrem Zusammentritt.

---

[1]) Bdbltt. 1883, II, 658 ff.

[2]) Ebendort und Bdbltt. 1884, II, 491.

Im Jahre darauf verlangte die Schweiz von der Münzunion das Recht, 1 Mill. Fr. Silberscheidegeld nachzuprägen. Zugleich fragte sie bei Italien wegen der Einziehung des Papiergeldes unter 5 Fr. an, da nach derselben die italienischen Münzen wieder in den nichtitalienischen Ländern zugelassen werden sollten.[1]) Italien, das selbst Scheidegeldmangel litt, konnte die Einziehung natürlich nicht zusagen.

Da nun aber das Nachprägungsgesuch der Schweiz abgewiesen wurde und sich in den großen Geldplätzen Genf, St. Gallen und Zürich und den Hauptfremdenorten, wie Interlaken und Luzern, ein empfindlicher Mangel an Kleingeld zeigte, kündigte sie am 7. Juni 1884 die Münzkonvention, indem sie allerdings zugleich ihre Bereitwilligkeit zur Fortsetzung des Münzunionsverhältnisses kundgab.[2])

Um sich aber über die Bedingungen der weiteren Teilnahme an der Münzunion klar zu werden, berief man eine Konferenz von Sachverständigen und Interessenten zusammen. Diese stellten folgende Forderungen auf: Festhalten an der Notalität des 5-Frankenstückes aus Silber, Erhöhung des Silbermünzkontingents um 6 Mill. Fr., Verpflichtung aller Staaten zur Einwechselung und Einziehung abgeschliffener silberner Fünffrankenstücke, Beibehaltung des Feingehalts der Silberscheidemünzen und Aufstellung einer Liquidationsklausel.

Nach mehrfachen Verschiebungen trat am 20. Juli 1885 in Paris eine Konferenz zusammen, brach jedoch zwecks Einholung näherer Instruktionen am 8. Aug. ihre Sitzungen ab. Während man nämlich über die übrigen Punkte sich rasch einigte, entstand über die Liquidationsfrage ein scharfer Gegensatz zwischen Belgien und Frankreich.

Am 22. Oktober trat die Konferenz ohne die belgischen Vertreter[3]) wieder zusammen und gelangte „nach langen offi-

---

[1]) Art. 8 der Konvention vom 5. Nov. 1878.

[2]) Bdbltt. 1885, II, 560.

[3]) Alles Detail der Konferenzen und der Liquidationsfrage findet sich ausführlich bei Bamberger, die Schicksale des lateinischen Münzbundes, 1885.

ziellen und offiziösen Debatten"[1]) zu einer neuen Konvention und einer Vereinbarung über die Liquidation am 6. November 1885.

Am 12. Dezember erklärte auch Belgien unter besonderen, in einem Zusatzakt festgelegten Bedingungen seinen Beitritt zu der neuen Konvention.[2])

Die Bundesversammlung erteilte am 21. Dezember 1885 ihre Zustimmung zu allen Verträgen. Am 30. Dezember wurden in Paris die Ratifikationsurkunden hinterlegt.[3])

Der neue Münzvertrag lautet danach in Abänderung der ersten Konvention vom 23. Dezember 1865 folgendermaßen:

Art. 1, 2 und 3 Abs. 1 blieben mit stilistischen Änderungen bestehen.[4]) Alsdann lautet nach der Tabelle

> Art. 3. Die vertragschließenden Regierungen werden gegenseitig an ihren öffentlichen Kassen die erwähnten Silbermünzen von fünf Franken annehmen.
>
> Jeder der Vertragsstaaten verpflichtet sich, von den öffentlichen Kassen der andern Staaten diejenigen silbernen Fünffrankenstücke zurückzunehmen, deren Gewicht durch Abnutzung um 1% unter die gesetzliche Fehlergrenze herabgesunken ist, unter dem Vorbehalte jedoch, daß keine betrügerische Alterierung solcher Stücke stattgefunden habe, oder daß deren Gepräge nicht verschwunden sei.
>
> In Frankreich werden die silbernen Fünffrankenstücke an den Kassen der Bank von Frankreich für Rechnung des Staatsschatzes angenommen, wie dies aus den zwischen der französischen Regierung und der Bank

---

[1]) Bdbltt. 1885, IV, 453.

[2]) Die Schweiz hatte übrigens (Bdbltt. 1886, I, 499) in der Befürchtung, Belgien möchte überhaupt dem Münzbunde fern bleiben, die in ihrem Gebiet umlaufenden etwa 2 Mill. Fr. betragenden silbernen Fünffrankenstücke belgischen Gepräges eingezogen und zu den Zahlungen, die sie selbst oder schweizerische Banken, Fabriken usw. nach Belgien zu leisten hatten, benutzt. Ende 1885 liefen fast keine belgischen Stücke mehr in der Schweiz um.

[3]) A. S. N. F. VIII, S. 424—465 alle Verträge. [4]) s. § 6, S. 84.

von Frankreich am 31. Oktober und 2. November 1885 gewechselten . . . . . Schreiben erhellt.

Diese Verpflichtung erstreckt sich auf die in Art. 13, Alinea 1 festgesetzte Dauer des gegenwärtigen Vertrages, ohne daß die Bank über dieselbe hinaus durch die in Alinea 2 des gleichen Artikels enthaltene Bestimmung betreffend die stillschweigende Vertragserneuerung gebunden wäre.[1])

Für den Fall, daß die Bestimmungen betreffend den gesetzlichen Kurs der in den andern Staaten der Münzunion geprägten silbernen Fünffrankenstücke während der Dauer der von der Bank von Frankreich eingegangenen Verpflichtung, sei es von Griechenland oder von Italien oder von der Schweiz aufgehoben werden sollten, wird von der Macht oder den Mächten, welche diese Aufhebung aussprechen, die Verpflichtung übernommen, ihre Emissionsbanken zu verhalten, die silbernen Fünffrankenstücke der andern Unionstaaten zu den gleichen Bedingungen anzunehmen, wie die silbernen Fünffrankenstücke einheimischen Gepräges.

Zwei Monate vor Eintritt des für die Kündigung des Vertrages bezeichneten Zeitpunktes hat die französische Regierung den Unionsstaaten kund zu geben, ob die Bank von Frankreich die obenerwähnte Verpflichtung weiter übernimmt oder nicht. Unterbleibt diese Mitteilung, so gilt für die Verpflichtung der Bank von Frankreich die Bestimmung über die stillschweigende Vertragserneuerung.

Art. 4 des alten Vertrages über das Silberscheidegeld blieb bestehen. Dann entsprachen die Art. 5, 6 und 7 den alten Art. 6, 7 Abs. 1 und 8 über die Annahme und Einwechselung der Silberscheidemünzen.

Art. 8 Abs. 1 und 2 sind die gleichen, wie die im Vertrage vom 5. Nov. 1878 (ob. § 8 S. 118) wiedergegebenen des

---

[1]) Richtigere Übersetzung nach dem französischen Originaltext.

Art. 9 vom Jahre 1878, d. h. die Ausprägung von goldenen wie silbernen Fünffrankenstücken blieb auch weiterhin „vorläufig eingestellt“. Dann lauten die nächsten Absätze des Art. 8:

Sollte jedoch einer der Staaten die freie Prägung der silbernen Fünffrankenstücke wieder aufnehmen wollen, so ist ihm solches unbenommen, unter der Bedingung, daß er während der ganzen Dauer des gegenwärtigen Vertrages den andern Vertragsstaaten auf ihr Verlangen die von ihm geprägten auf ihrem Gebiete zirkulierenden silbernen Fünffrankenstücke in Gold und auf Sicht auswechsle oder rückzahle. Im Weiteren stünde es den andern Staaten frei, die Fünffrankenstücke des Staates, der jene Prägung wieder aufnähme, nicht mehr anzunehmen.

Will ein Staat diese Ausprägung wieder aufnehmen, so hat er, derselben vorhergehend[1]) eine Konferenz mit den andern verbündeten Staaten zu veranlassen, um die Bedingungen dieser Wiederaufnahme festzustellen, ohne daß jedoch die im vorhergehenden Alinea erwähnte Befugnis an das Zustandekommen eines Einverständnisses geknüpft wäre, und ohne daß die im gleichen Alinea über Austausch und Rückzahlung stipulierten Bedingungen modifiziert werden dürften.

Kommt es zu keiner Verständigung, so behält sich die Schweiz unbeschadet der Vergünstigung, welche ihr durch vorstehende Bestimmungen gegenüber einem die freie Prägung von silbernen Fünffrankenstücken wieder aufnehmenden Staate eingeräumt ist, die Freiheit vor, vor Ablauf des gegenwärtigen Vertrages aus dem Münzverbande auszutreten. Diese Freiheit ist jedoch an die doppelte Bedingung geknüpft: 1) daß während vier Jahren, vom Inkrafttreten des gegenwärtigen Vertrages an gerechnet, der Art. 14 und die angehängte Spezialvereinbarung nicht anwendbar sein sollen gegenüber denjenigen Staaten, welche die freie Prägung silberner Fünffrankenstücke nicht aufgenommen haben; und 2) daß die Silbermünzen

[1]) Richtigere Uebersetzung nach dem französischen Originaltext.

der genannten Staaten während des gleichen Zeitraumes in der Schweiz auch ferner gemäß den Bestimmungen des gegenwärtigen Vertrages zirkulieren dürfen. Ihrerseits verpflichtet sich die Schweiz, während des gleichen Zeitraumes von vier Jahren die freie Prägung silberner Fünffrankenstücke nicht wieder aufzunehmen.

Die schweizerische Bundesregierung ist ermächtigt, die Umschmelzung der früheren Emissionen schweizerischer Fünffrankenstücke bis auf den Betrag von 10 Mill. Fr. vornehmen zu lassen, wobei ihr jedoch obliegt, die alten Stücke auf ihre Kosten zurückzuziehen.

Art. 9 des neuen Vertrages Abs. 1—3 bleiben wie 1865, nur wurden die Kontingente der Silberscheidemünzprägung festgesetzt für die Schweiz . . . . . auf 19 Mill. Fr.
für Frankreich mit Kolonien . . „ 256 „ „
„ Griechenland . . . . „ 15 „ „
„ Italien . . . . „ 182,4 „ „

Abs. 4 gab Italien das Recht, ausnahmsweise 20 Mill. Fr. prägen zu lassen. Abs. 5 gab dies Recht „mit Rücksicht auf die Bedürfnisse der Landesbevölkerung“ der Schweiz in Höhe von 6 Mill. Fr., Abs. 6 der französischen Regierung bis zu 8 Mill. Fr. für eingezogene päpstlichen Münzen.

Art. 10 betr. die Jahreszahl auf den Münzen blieb derselbe wie 1865.

Art. 11 erteilt der französischen Regierung den Auftrag, alle auf das Münzwesen und die Edelmetallverhältnisse bezüglichen administrativen und statistischen Dokumente zusammenzustellen und den Regierungen mitzuteilen. Diese werden Maßnahmen im Münzwesen im gegenseitigen Einverständnis vornehmen.

Art. 12 setzt Einstimmigkeit für die Genehmigung künftiger Aufnahmegesuche fest und bestimmt, daß an den Kassen der Münzunionsstaaten nur 5-Frankenstücke mit deren Gepräge angenommen werden dürfen.

Art. 13. Der gegenwärtige Vertrag bleibt bis 1. Jan. 1891 in Kraft.

Wird er ein Jahr vor Ablauf nicht gekündigt, so gilt er stillschweigend als um je ein Jahr verlängert usf. Nach geschehener Kündigung bleibt er noch ein Jahr vom 1. Januar an, der auf die Kündigung folgt, in Kraft.

Art. 14. Im Falle der Kündigung des gegenwärtigen Vertrages ist jeder der Vertragsstaaten gehalten, die von ihm ausgegebenen silbernen Fünffrankenstücke, wenn sich solche bei den andern Staaten im Umlauf oder in den öffentlichen Kassen derselben befinden, zurückzunehmen und dafür an diese Staaten einen Betrag auszuzahlen, der dem Nennwert der zurückgenommenen Münzen gleichkommt; alles gemäß den Modalitäten, wie sie in einer besondern, dem gegenwärtigen Vertrage beigefügten Vereinbarung des Nähern festgesetzt sind.

Diesem Vertrage sind zwei Beilagen angefügt, enthaltend den Briefwechsel zwischen dem französischen Finanzminister und der Banque de France (s. Art. 3) und eine „Vereinbarung über die Ausführung von Art. 14 des Vertrages", die sogen. Liquidationsklausel.

Nachdem Belgien der neuen Konvention beitreten zu wollen erklärte, wurde mit ihm der Zusatzakt vom 12. Dezember 1885 abgeschlossen. Durch Art. 1—3 desselben wurden die Bestimmungen der Art. 1—13 des Vertrages auf Belgien ausgedehnt. Als Silberscheidemünzkontingent erhielt es 35,8 Mill. Fr. zugestanden, und die Verpflichtung der Banque de France galt in gleicher Weise für die belgische Nationalbank.

Art. 4—7 des Zusatzakts beziehen sich auf die Liquidationsklausel. Wir geben hier nur den die Schweiz berührenden Teil der Liquidationsbestimmungen wieder.

Dieselben bezogen sich nur auf die silbernen Fünffrankenstücke. Für das Silberscheidegeld bestand schon in Art. 8 des Vertrages von 1865 die Liquidationsbestimmung, daß jeder Staat das seine noch zwei Jahre nach der Auflösung anstandslos einzuwechseln habe. Für das Goldgeld war eine derartige Bestimmung unnötig, da es ja vollwertig war und man daher keinen Verlust erleiden konnte. Man brauchte die Goldmünzen nur umzuprägen.

Während des Jahres, das auf das Erlöschen des Münzvertrags folgt, sind bis zum 1. Oktober in jedem Staate die nichteinheimischen Fünffrankenstücke aus Silber aus der Zirkulation zurückzuziehen. Sie werden alsdann an den öffentlichen Kassen zurückgewiesen.

Am 15. Januar des zweiten Jahres werden die Rechnungen ausgetauscht, die Münzen nach Nationalitäten zum Rückzug bereit gehalten und der Saldo jedes Staates festgestellt.

Die Schweiz erhält nun von Italien den Saldo ausbezahlt, in eidgenössischen Fünffrankenstücken und in Goldgeld der Münzunion von 10 Fr. und darüber bis zu einer Gesamthöhe von 20 Mill. Fr. Weitere 10 Mill. Fr. (im Höchstfalle) werden in Sichttratten auf Bern, Basel, Genf oder Zürich bezahlt. Die Sendungen an italienischen Münzen (zu 5 Fr.) dürfen nicht unter 0,5 und nicht über 2,0 Mill. Fr. betragen.[1])

Von Frankreich erhält die Schweiz den Saldo ausbezahlt in eidgenössischen Fünffrankenstücken und in Goldgeld über 10 Fr. bis zur Höhe von 60 Mill. Fr. Die einzelnen Sendungen der Schweiz dürfen nicht unter 1 und nicht über 10 Mill. Fr. betragen.[1])

Von Belgien erhält die Schweiz den Saldo in eidgenössischen Fünffrankenstücken und in Goldgeld über 10 Fr. bis zur Höhe von 6 Mill. Fr. ausbezahlt. Ein etwaiger Überschuß soll auf kommerziellem Wege nach Belgien zurückfließen, weshalb Belgien sein Münzsystem in diesem Falle einige Jahre nach Ablauf der Konvention nicht ändern darf.

Die Schweiz erhielte also im Falle der Liquidation für die bei ihr umlaufenden etwa 90 Mill. Fr. fremder Fünffrankenstücke ihre einheimischen sämtlich zurück[2]) und außerdem im Höchstfall 86 Mill. Fr. in Goldgeld von über 10 Fr., den Rest in schweizerischen Tratten. Sie besäße also nach der Auflösung der Münzunion nur 10 Mill. Fr. silberne Fünffrankenstücke und etwa 80 Mill. Fr. Goldgeld statt solcher! —

[1]) Abgesehen von der Restsendung.

[2]) Es liefen damals — alle Zahlen beziehen sich auf das Jahr 1885 — etwa 8 Mill. Fr. im Ausland um.

Die neue Münzkonvention vom 6. Nov. 1885, die bis heute die Grundlage der Münzunion geblieben ist, änderte an der Lage des schweizerischen Geldwesens nichts wesentliches. Es blieb der Zustand von 1878 bestehen, nur daß die Schweiz nach Art. 9 befugt war, bis zu 25 Mill. Fr. Silberscheidegeld auszuprägen, daß die italienischen Silberscheidemünzen wieder überall zugelassen wurden, und daß die Schweiz ihre Fünffrankenstücke umprägen durfte.[1]) Außerdem sollten künftighin die abgeschliffenen Fünffrankenstücke eingezogen und ersetzt werden.

Zur Erklärung des auch diesmal von der Schweiz erstrebten Zwangskurses für alle Fünffrankenstücke kam es nicht. Jedoch verpflichteten sich die Banque de France und die belgische Nationalbank, den Stücken Kassenkurs zu verleihen.

Die wichtigste Bestimmung des jetzigen Vertrages ist die sog. Liquidationsklausel.

Der Fehler,[2]) der bei der Aufstellung dieser Klausel gemacht war, ist folgender. Man hatte die Silbertaler nicht in ihrer Eigenschaft als gemeinsames Münzunionsgeld erkannt, sondern das Gepräge für das Eigentum entscheiden lassen. Die Stücke mit belgischem, französischem, eidgenössischem Gepräge wurden für Geld dieser Staaten erklärt und daraus die Pflicht dieser Staaten abgeleitet, diese Stücke zum Nennwert in Goldgeld einzutauschen. Danach müßten nun Belgien usw. alle Stücke ihres Gepräges zurücknehmen. Diese Staaten haben geprägt:[3])

Frankreich für 2500—3000 Mill. Fr.,
Belgien „ 400 „ „

---

[1]) Infolgedessen wurden 1888—92 für 4 ½ Mill. Fr. umgeprägt. Der neue Stempel zeigt auf dem Avers den Helvetiakopf (v. Schwenzer-Stuttgart) mit der Umschrift „Confoederatio-Helvetica" und der Jahreszahl, auf dem Revers in einem Eichen- und Lorbeerkranz die Wertangabe und das Wappenkreuz von 1815. Der Rand zeigt die Umschrift „Dominus providebit" und 13 Sterne.

[2]) Eingehend dargelegt bei Bamberger loc. cit.; Helfferich, Die Folgen des deutsch-österreichischen Münzvereins von 1857 S. 120—34; Helfferich, Geld und Banken, Bd. I, S. 339—344; G. F. Knapp, Staatliche Theorie des Geldes S. 321—324.

[3]) Bdbltt. 1885, 457.

Italien für	380	Mill. Fr.,	
Griechenland „	15	„ „	
die Schweiz „	9—10	„ „	und

müßten also diese oder ungefähr so hohe Summen einziehen.

Das Gepräge ist aber, wie hier schon wiederholt betont, für die Rechtsstellung des Geldstückes nicht entscheidend, sondern die Rechtsordnung, unter der das Geldstück steht.[1])

In der Schweiz liefen damals (1885) nach amtlichen Angaben[2]) 80—100 Mill. Fr. in Silbertalern um, von denen 44% französisches, 43% italienisches, 10% belgisches, 1% griechisches und nur 2% eidgenössisches Gepräge trugen. Zu 98% benutzte die Schweiz Geld zu 5 Fr. mit fremdem Gepräge. Ja, sie ließ wiederholt[3]) für ihren Bedarf an Silberkurantgeld Silberbarren in Brüssel mit belgischem Gepräge zu Fünffrankenstücken schlagen, indem sie das Gepräge für irrelevant erklärte. Belgien spielte so die „Münzvorhersehung" für die Schweiz.[4])

Dieser Zustand entsprach dem einseitigen Synchartismus und besonders dem Münzparasitismus der Schweiz vollkommen, aber dieses Geld war in der Schweiz eben doch „schweizerisches Geld", war seit 1866 doch „Münzunionsgeld" und nicht mehr belgisches, französisches usf.

Entsprach dem aber die Haltung der Schweiz auf der Pariser Münzkonferenz im Jahre 1885? Durchaus nicht!

Die Schweiz hatte seit über 30 Jahren fast ausschließlich fremde Münzen benutzt, hatte die Kosten für Herstellung und Unterhaltung dieser Münzen fast stets den fremden Staaten zugeschoben, hatte die Stücke als vollwertige seinerzeit angenommen, als sie durch einen dritten Umstand (Sinken des Silber-

[1]) Der Kopf Leopolds von Belgien bedeutet auf dem Fünffrankenstück aus Belgien nicht mehr, als das römische G auf den deutschen Reichssilbermünzen der Karlsruher Münzstätte, es sagt nur die technische Herkunft an. Das Gepräge garantiert nur Feinheit, Gewicht, Form der Münze, nicht gibt es ihre Rechtsstellung kund.

[2]) Bdbltt. 1885, IV, 478. Inzwischen sind Umlaufhöhe und Zusammensetzung ganz anders geworden.

[3]) S. Bamberger, Schicksale des Münzbunds S. 114 und 145.

[4]) Pirmez, Rede im belgischen Abgeordnetenhaus am 11. Aug. 1885.

preises) unterwertig geworden waren, weiterbenutzt, und nun, da es sich darum handelte, bei einer ev. Liquidation nach der gemeinsamen Benutzung auch gemeinsam die Kosten dieses Zirkulationsmittels zu tragen — weigerte sie sich hartnäckig! Sie behauptete, jeder Staat habe für sein Gepräge einzustehen, und setzte durch, daß sie für ihre fremden Fünffrankenstücke Goldgeld erhalte. Damit schob sie nicht nur fast alle Unkosten des 30 Jahre benutzten schweizerischen Geldes ab, sondern erwarb sich noch einen künftigen Gewinn an Metallwert in Höhe von 30—40 Mill. Fr.!

Wenn die schweizerischen Vertreter in Paris immer wieder hervorhoben, die Schweiz habe sich freiwillig und absichtlich der Prägung enthalten und habe von jeher auf alleiniger Freiprägung des Goldes bestanden, so ändert dies nichts. Einmal war die Freiwilligkeit z. T. auf die Unfähigkeit der Berner Münzstätte zurückzuführen, und zum andern hinderte ja niemand die Schweiz, aus der Münzunion auszuscheiden, wenn sie deren Einrichtungen für falsch hielt.

Die Teilungsart der Fünffrankenstücke kann, wenn sie den rechtlichen Verhältnissen entsprechen soll, nur auf der Grundlage des „Münzunionsgeldes" aufgebaut werden.

Ihr voraus muß eine Ausgleichung der seit 1874, d. h. seit Kontingentierung der Prägungen, erzielten Gewinne Belgiens, Frankreichs, Italiens und der Schweiz bei der Silberprägung gehen. Seit 1874 wurde nämlich in allen vier Staaten nur noch auf Staatskosten geprägt. Da nun aber die Schweiz 1875 und 1876 sich der Prägung enthalten hat, haben Belgien, Frankreich und Italien an der Prägung des gemeinsamen Münzunionsgeldes einen verhältnismäßig zu großen Gewinn gemacht.

Nach Ausgleichung dieses Aktivums müßten die vorhandenen (1905) etwa 3,5 Milliarden Fr. Silbertaler entsprechend dem Zahlungsmittelumlauf[1]) der fünf Staaten verteilt werden.

[1]) Die Teilung nur nach dem Münzumlauf, wie sie Helfferich (loc. cit.) vorschlägt, ist wegen der völlig verschiedenen Zahlungseinrichtungen der fünf Länder nicht richtig. In Belgien trifft auf den Kopf der Bevölkerung viel mehr Notengeld, als in Italien, in Griechenland mehr, wie in der Schweiz.

Zu diesem wären jedoch auch alle Banknoten, Giroeinrichtungen, Checkverkehr usw. zu rechnen. Dies ist aber nur bei Gleichheit solcher Einrichtungen durchzuführen, eine Gleichheit, die weder vorhanden noch erreichbar ist. Daher kann dieser Maßstab, theoretisch zwar richtig, praktisch nicht durchgeführt werden. Es muß auf die beste der andern Arten, die Teilung nach der Bevölkerungszahl, zurückgegriffen und dieser Maßstab entsprechend dem mutmaßlichen Zahlungsmittelumlauf der einzelnen Staaten geändert werden.

Daraus geht hervor, daß die endgültige Festsetzung der Anteile jedes Staates an den 3,5 Milliarden unterwertigem Fünffrankengeld der Münzunion der freien Vereinbarung auf den angegebenen Grundlagen überlassen werden muß.

Inzwischen wird sich der Umlauf relativ verringern durch den Abfluß in die französischen Kolonien (außer Cochinchina) und die Mortalität der Münzen. Außerdem könnte er[1]) dadurch sehr beschränkt werden, daß man neues Scheidegeld aus Silbertalern prägte.[2]) —

Seit 1886 änderte sich in dem Münzwesen der Schweiz, d. h. in dem Geldwesen der Münzunion nur wenig. Wir geben daher hier nur einen Überblick über diese Reformen, zumal sie sich ausschließlich auf das Scheidegeld bezogen und daher eine geringe Bedeutung haben. Die Schicksale der Währung werden im nächsten Paragraphen besprochen.

Auch die Teilung allein nach der Bevölkerungszahl, wie sie Helfferich und Knapp (loc. cit.) vorschlagen, ist nicht vollständig gerecht. Auf einen Belgier kommen mehr Zahlungsmittel als auf einen Griechen, daher können sie nicht gleichmäßig behandelt werden.

[1]) Geradeso wie die deutschen Taler bis Ende 1907 zu Reichssilbermünzen ausgeprägt wurden.

[2]) Seit 1884 tauchten im Münzunionsgebiet wiederholt Fünffrankenstücke von Nichtunionsländern (bes. mittel- und südamerikanischen Republiken) auf (Bdbltt. 1885, II, 562). Auch erschienen die rumänischen 5-Leistücke über Österreich in der Schweiz. Beides war wohl durch die Gesuche Spaniens und Rumäniens zum Beitritt zur Münzunion veranlaßt (1887). Beide Gesuche wurden abgelehnt, da nur eine Vermehrung der Fünffrankenstücke zu erwarten war und man an eine baldige Auflösung der Münzunion dachte.

In diesen Jahren wurden die alten Zwanzig-, Zehn- und Fünfrappenstücke aus Billon außer Kurs gesetzt.[1]) Das Resultat der Einziehung bis zum letzten Termin (30. Juni 1886) war folgendes:[2])

Zwanzig-	Zehn-	Fünfrappenstücke
	Ausgabe:	
15 883 608	17 694 848	26 513 566
	Rückzug:	
11 487 100	12 300 000	10 220 000
	Ausstand in %	
27,68	30,49	61,45

Diese hohen Ausstände veranlaßten den Bundesrat, den Billonmünzen auch ferner den Kassenkurs zu verleihen.[3])

Auch fanden 1883 bis 1894 sehr hohe Prägungen von Kupfergeld statt.[4]) Dasselbe verschwand andauernd, da es zu industriellen Zwecken benutzt wurde. —

Seitdem nun aber mit dem Inkrafttreten der neuen Münzkonvention am 1. Jan. 1886 die italienischen Silberscheidemünzen wieder in den nichtitalienischen Unionsstaaten zugelassen waren, strömten sie in Massen in diese Staaten ein. Die Schweiz hatte infolge des 1880—86 gefühlten Mangels an Silberscheidegeld von ihrem Kontingent von 25 Mill. Fr. 1886/87 weitere 4 Mill. Fr. ausprägen lassen, so daß jetzt etwa 7,2 Fr. auf den Kopf der Bevölkerung kamen. Dazu kamen nun, besonders im Kanton Tessin, in starker Menge die italienischen Silberscheidemünzen. Daher machte sich bald ein Überfluß von Scheidegeld bemerkbar.

Die eidgenössischen Kassen mußten das fremde Scheidegeld nach dem Münzvertrag bis zum Betrage von 100 Fr. in Zahlung nehmen. Die Folge des verstärkten Eindringens war

---

[1]) A. S. N. F. Bd. IX, S. 28. [2]) Bdbltt. 1887. I, 656.

[3]) Bis Ende 1894 waren für 5,875 Mill. Fr. Nickelmünzen ausgeprägt worden (Bdbltt. Geschber. d. Finanzdepart.).

[4]) Der Stempel für dieselben zeigt auf dem Avers das eidgenössische Wappen in Lorbeer- und Eichenkranz mit der Umschrift „Helvetia", auf dem Revers die Wertangabe im Lorbeerkranz.

eine Stauung des italienischen Scheidegeldes in den Kassen, die nur durch wiederholte Auswechselung zu beseitigen war. Diese Auswechselung betrug

im Jahre	an Italien	(an Frankreich)
1888	2,1 Mill. Fr.	(1,5 Mill. Fr.)
1889	1,9 " "	(0,8 " ")
1890	2,8 " "	(0,55 " ")
1891	2,4 " "	(0,78 " ")
1892	2,45 " "	(0,853 " ")
1893	11,4 " "	(0,4 " ")
1894	17,518 " "	(0,45 " ")

Diesen Zahlen stand an Rücksendung eidgenössischen Silberscheidegeldes aus Italien der geringe Posten von etwa 0,1 Mill. Fr. jährlich gegenüber.

Noch deutlicher ergibt sich die Überflutung mit italienischem Gelde aus dem Inhalt, den 1892[1]) an Scheidegeld 136 Kassen der Eidgenossenschaft aufwiesen. Es war von diesem Scheidegeld 49% italienischen, 13% französischen, 3% belgischen, 34% schweizerischen und 1% griechischen Ursprungs. Von diesen 100% hätte der Verkehr 30% entbehren können.

Der Grund zu dem Auswandern des Scheidegelds aus Italien liegt in dem starken Umlauf Italiens an Papiergeld zu 2 und 1 Fr. Das Silberscheidegeld erhielt in Italien, ebenso wie das Kurantgeld,[2]) ein bedeutendes Agio und floß daher nach den übrigen Münzunionsstaaten ab. Nach diesen konnte man es ja als Zahlungsmittel benutzen, eine Eigenschaft, die das Papiergeld Italiens nicht teilte.

Dieses Umstands bemächtigte sich nun die Spekulation.[3]) Man sammelte in Italien das Silberscheidegeld, dessen Agio geringer war, als dasjenige des Goldgeldes, schickte es nach der Schweiz und ließ sich dort durch die Postkassen Gold- oder Silberkurantgeld auszahlen. Dieses verkaufte man dann in Ita-

[1]) Nach dem Geschber. d. Findep. Bdbltt. 1893.

[2]) Das Goldgeld hatte bis zu 16% Agio (Bdbltt. 1893, V, 203). In dem Kurantsilbergeld der Schweiz befand sich 1892 über 63% italienisches.

[3]) Bdbltt. 1894, I, 561.

lien an den Börsen mit hohem Agio und machte so nicht unbedeutende Kursgewinne.

Der Stand des italienischen Kurses sank nun immer weiter, das Agio für Gold- und Silberkurantgeld in Italien stieg immer höher, und die Spekulation im Kanton Tessin wurde immer lebhafter. Die Folge war jenes massenhafte Eindringen von italienischem Silbergeld in die Schweiz und seine Stauung in den Kassen.

Die schweizerische Regierung führte im Jahre 1893 durch ihre Post- und Zollkassen einen erbitterten Kampf[1]) gegen die Agioteure und Spekulanten. Der Erfolg war schließlich, daß im Jahre 1893 von 11,4 Mill. Fr. abgeschobenen italienischen Silberscheidemünzen 6 Mill. Fr. wieder in die Schweiz zurückflossen!

Dem Mangel an Silberscheidegeld zu steuern, gab Italien weitere 5-Lirescheine aus. Damit jagte es natürlich die Silbermünzen nur noch mehr in die Schweiz.

Im Sommer 1893 wurde die Lage so schlimm, daß man die Beseitigung der italienischen Silberscheidemünzen durch ein Übereinkommen der Münzunionsstaaten verlangte. Vom 9. Okt. bis 15. Nov. fand in Paris eine Konferenz statt, die ein „Übereinkommen betr. die teilweise und zeitweilige Revision einiger Bestimmungen der Münzübereinkunft vom 6. Nov. 1885" abschloß, wodurch die Zurückziehung der italienischen Silberscheidemünzen und ihre Außerkurssetzung in den Münzunionsstaaten außer Italien festgesetzt wurde.[2])

Dieses Übereinkommen trat mit dem 24. März 1894, dem Tage seiner Ratifikation, in Kraft. Von da an bis zum 24. Juli wurden die italienischen Münzen in sehr geschickter Weise eingezogen und nach Italien abgestoßen.[3]) Dem Bundesrat wurde am 29. Juni 1894 die Befugnis erteilt, die Einfuhr italienischen Silberscheidegeldes zu verbieten,[4]) jedoch wurde von diesem Recht kein Gebrauch gemacht.

---

[1]) Bdbltt. 1894, I, 561. [2]) A. S. N. F. XIV, 195.

[3]) Vgl. darüber das Nähere in Bdbltt. 1894, I, 990; 1894, II, 665; 1894, III, 113. In 4 Monaten wurden über 13 Mill. Fr. eingezogen.

[4]) A. S. N. F. XIV, 283.

Währenddessen hatte man, um einem event. Mangel an Silberscheidemünzen vorzubeugen, den Rest seines Kontingentes (3 Mill. Fr.) ausprägen lassen. Am 24. Juli 1894 war die Schweiz von der Landplage des Überflusses von Scheidegeld befreit. Keine italienische Silberscheidemünze war zu sehen.

Sofort aber trat ein empfindlicher Mangel an Scheidegeld ein. Dieser Mangel ist auf die besonderen Bedürfnisse der Schweiz zurückzuführen.

In der Schweiz ist der Durchschnittsbedarf an Scheidegeld infolge der Regsamkeit der Bevölkerung höher als z. B. in Deutschland. Vor allem war dem freien Verkehr am Anfang der neunziger Jahre das silberne Fünffrankenstück stark durch die Banken entzogen. Die Metallgelddeckung der Notenbanken zu 40% ihrer Emission bestand zum großen Teil aus Fünffrankentalern. Das Fehlen dieser Münzen im Verkehr zwang dem Silberscheidegeld ihre Vertretung bei Zahlungen, ähnlich wie in den fünfziger Jahren (s. § 5), auf und entzog die 2-, 1- und $^1/_2$-Frankenstücke ihrer wahren Bestimmung.

Ein regelmäßiger Bedarf an Kleingeld entstand auch durch die Bestimmung des eidgenössischen Fabrikgesetzes, daß die Löhne alle 14 Tage ausbezahlt werden müßten. Die Lohnarbeiterschaft ist bekanntlich in der Schweiz durch die zahlreichen Fabrikgründungen sehr gestiegen.

Besondere Anforderungen stellt dann die Zeit der militärischen Lehrkurse und der Truppenzusammenzüge von 60—65000 Mann im September. Ebenso verlangen die beiden Hauptzahltermine, 1. Mai und 1. November, viel Kleingeld.

Die höchsten dauernden Anforderungen stellt der Fremdenverkehr im Sommer (Juni bis September). Die Touristen bringen großes Geld, Banknoten, Goldgeld und Cheks von ihren heimischen Bankiers mit und verlangen und brauchen ihre Auswechselung in kleine Münzen. Auch die Löhne in der Hotelindustrie, wie diese selbst, erfordern besonders in den großen Fremdenverkehrsorten wie Interlaken, Luzern, Genf, Zürich usw. eine Menge Scheidegeld.

Alle diese Anforderungen werden natürlich durch Umwechselung an die Staatskassen (Post, Zoll usw.) gerichtet und stellen an diese daher große Ansprüche. Wiederholt war die Staatskasse in Bern Ende September vor der großen Novemberzahlungsepoche ohne Kleingeld.

Das Kleingeld fließt dann erst wieder im Winter auf dem Steuerwege in die öffentlichen Kassen zurück.[1])

Nicht unerwähnt darf aber auch der Mißbrauch bleiben, der dadurch mit dem Scheidegeld getrieben wird, daß man sich in Zeiten von Scheidegeldüberfluß daran gewöhnt, größere Zahlungen in kleinerem Gelde zu leisten, so daß man bei Scheidegeldmangel den Bedarf viel zu hoch einschätzt.

Immerhin ist in der Schweiz ein Bedarf an Scheidegeld vorhanden, der, zumal im Sommer, den gewöhnlichen Umlauf auf eine harte Probe stellt und jedenfalls den Bedarf pro Kopf z. B. im deutschen Reich voll erreicht, wenn nicht sogar übertrifft.

Um dem Mangel zu steuern, bezog man 1894 und 1895 für über 6 Mill. Fr. französisches und belgisches Scheidegeld,[2]) konnte dies jedoch nicht fortsetzen, da auch in den Nachbarländern der Schweiz Mangel an Scheidegeld eintrat.

Der Mangel in der Schweiz wurde noch dadurch gesteigert, daß aus den Kantonen Genf, Waadt und Neuchâtel Scheidegeld nach Frankreich abfloß, und daß Bankhäuser in Neuchâtel schweizerisches Scheidegeld über die Grenze an französische Bankinstitute sandten, um Wechsel darauf zu ziehen.[3]) Gegen dieses Vorgehen konnte man nicht einschreiten.[4])

Zweifelsohne waren die Scheidegeldkontingente der Münzunionsstaaten nicht mehr genügend. Daher kam am 29. Okt. 1897

---

[1]) Die wiederholt aufgestellte Behauptung, der Touristenverkehr entziehe der Schweiz auf der Rückreise jährlich sehr viel Scheidegeld, scheint nicht zuzutreffen. Die befragten größeren Banken in den wichtigeren Bankplätzen des Elsass, Badens und Württembergs können dieser Beobachtung nicht beipflichten.

[2]) Bdbltt. 1895, I, 335.

[3]) S. P. Gygax, Krit. Betr. üb. d. schweiz. Notenbankwesen, S. 29.

[4]) Weniger ist wohl an dem Silbergeldmangel die Mortalität der Münzen schuld; sie beträgt etwa 1% pro Jahr.

in Paris ein Übereinkommen zustande,[1]) durch das die Kontingente erhöht wurden auf

28,0	Mill.	Fr.	für	die Schweiz
46,8	„	„	„	Belgien
394,0	„	„	„	Frankreich (mit Kolonien)
232,4	„	„	„	Italien
15,0	„	„	„	Griechenland.

Die neuen Münzen sollten außer einem Betrage von je 3 Mill. Fr. nicht aus Silberbarren, sondern aus Fünffrankenstücken ausgeprägt werden (Art. 2). Die Kontingente durften erst nach vier Jahren voll erreicht sein; die italienischen Silberscheidemünzen blieben nach wie vor von den anderen Staaten vorläufig ausgeschlossen (Art. 3).

Die Schweiz machte von ihrem Mehrprägungsrecht von 3 Mill. Fr. in den nächsten vier Jahren (1898—1901) voll Gebrauch.[2]) Gleichwohl dauerte aber der Mangel an Silberscheidegeld fort und konnte auch durch größere Bezüge aus Frankreich nicht gehoben werden.[3])

Dazu kam, daß die Aussicht auf eine Wiederzulassung der italienischen Scheidemünzen endgültig abgeschnitten wurde. Durch ein Zusatzprotokoll vom 15. März 1898[4]) wurde Italien von der Pflicht der Auswechselung seiner Silberscheidemünzen

---

[1]) A. S. N. F. XVI, 460.

[2]) Dazu erschien ein neues Regulativ über die Kontrollierung der Münzen vom 5. Aug. 1898 (A. S. N. F. XVI, 829.) — Münzdirektor ist seit 1900 P. Adrian aus Olten.

[3]) Unter diesen Bezügen befand sich noch 0,5 Mill. Fr. in alten, außer Kurs gesetzten eidgenössischen Silberscheidemünzen zu $^{800}/_{1000}$ fein aus den Jahren 1860—63. Dieselben wurden bis zum 31. Okt. 1898 zu 60 % ihres Nennwert (d. h. also zum Metallwert) an den Kassen angenommen (A. S N. F. XVI, 827).

[Die Abnützungsergebnisse von zwanzigjährigem Umlauf sind für die eidgenössischen Münzen sehr günstige. Nach „Schweiz. Blätt. f. Wirtsch.- und Sozial-Politik" 1904 S. 660 sind es folgende:

Silber:	Einfrankenstück	20,4 ‰	Nickel:	Zwanzigrpstück		5,6 ‰
	Halb „	32,5 ‰		Zehn	„	16,2 ‰
				Fünf	„	19,7 ‰]

[4]) A. S. N. F. XVII, 43.

an andere Unionsstaaten noch zwei Jahre nach Auflösung der Union (Art. 7 des neuen, Art. 8 des Vertrags von 1865) befreit. Zugleich verbot es die Ausfuhr dieser Münzen, worauf der Bundesrat am 21. Febr. 1899[1]) auf Grund der ihm durch Bundesbeschluß vom 29. Juni 1894 erteilten Befugnis ein Verbot der Einfuhr der italienischen Silbermünzen zu 2, 1 und $^1/_2$ Fr. bei Strafe der Konfiskation erließ.

Durch diese endgültige Ausschließung der italienischen Silberscheidemünzen wurde die lateinische Münzunion für die Silberscheidemünzen durchbrochen. Es besteht von jetzt an unter den vier nichtitalienischen Staaten eigentlich ein besonderer Scheidegeldbund. Dieser Scheidegeldmünzbund hätte als Vertrag etwa die Bestimmung: Die nach den Bestimmungen der lat. Münzunion in den gen. vier Ländern ausgeprägten Silberscheidemünzen sind synchartales Geld der vier Länder.

Da aber die lat. Münzunion (und mit ihr auch Italien) in diesem Silbergeldbund Voraussetzung ist, so läßt sich derselbe natürlich von der lat. Münzunion nicht trennen. Er ist eine Unterabteilung des völkerrechtlichen Verbands der lat. Münzunion.

Diese stellt sich jetzt als ein auf das gesamte Kurantgeld und die Herstellung (Münztechnik) und Kontingentshöhe der Silberscheidemünzen in den fünf Staaten bezüglicher Vertrag dar. Demselben angehängt ist ein Separatvertrag der vier nichtitalienischen Staaten über den Umlauf der Silberscheidemünzen in ihren Ländern. De facto, weil historisch so geworden, sind beide Verträge natürlich ineinander verwebt, beide Münzbündnisse organisch miteinander verbunden. —

Als nun die Schweiz ihr Kontingent 1901 völlig ausgeprägt hatte, der Mangel an Silberscheidegeld aber fortdauerte, suchte sie um Einberufung einer Konferenz bei den Münzunionsstaaten nach.

Dieser legte die Schweiz den Antrag auf Nationalisierung des gesamten Scheidegeldes nach dem Vorbild Italiens vor. Der Antrag stieß jedoch auf hartnäckigen Widerstand Frankreichs, obwohl es 1893 selbst diesen Gedanken angeregt hatte. Die

[1]) A. S. N. F. XVII, 67.

Schweiz mußte sich mit einem Übereinkommen vom 15. Nov. 1902 begnügen,[1]) das ihr die Prägung eines außerordentlichen Kontingents von 12 Mill. Fr. aus Silberbarren gestattet.

Wenn dieses Silberscheidegeld voll ausgeprägt[2]) sein wird, so dürfte damit der Bedarf der Schweiz noch nicht gedeckt sein. Derselbe schwankt zwischen 40 und 50 Mill.[3]) Fr., d. h. zwischen 13 und 15 Fr. pro Kopf.

Das beste Mittel, die seit Jahrzehnten dauernde Silberscheidegeldfrage zu lösen, ist natürlich die Nationalisierung dieser Münzen. Der kleine Vorteil im Grenzverkehr wiegt die Gebundenheit in den Prägungen nicht auf, zumal der Grenzverkehr auch bei Trennung der Scheidemünzen immer liberaler ist als das strenge Recht.

Die Nationalisierung des eidgenössischen Silberscheidegeldes ist wiederholt im Nationalrat angeregt worden und dürfte sich ihrer Ausführung wohl in den nächsten Jahren nähern. Dann erst wird das Scheidegeldwesen der Schweiz seinen Aufgaben in jeder Beziehung gerecht werden können.

§ 11.

DER KAMPF GEGEN DIE VALUTAVERSCHLECHTERUNG INSBES. DURCH DIE ZENTRALISATION DES NOTENBANKWESENS.

Ende des Jahres 1884 war das Banknotengesetz vom Jahre 1881 ausgeführt. Keineswegs waren damit aber die Bestrebungen

---

[1]) A. S. N. F. XIX, 363.

[2]) 1903—1906 wurden 6 Mill. Fr. ausgeprägt. — Es waren dies die letzten Prägungen in der alten Münzstätte. Auf Kosten des Münzreservefonds hat der Bund eine neue Münze auf dem Kirchfeld bei Bern errichten lassen und 1906 in Gebrauch genommen (A. S. N. F. XIX, 257). — Am 29. Dez. 1905 wurde eine neue Verordnung über die Organisation und den Betrieb der eidgen. Münzverwaltung erlassen (A. S. N. F. XXII, 10).

[3]) Schätzung von Tr. Geering in der Allgem. Schweiz. Zeitung v. 27, 3. 1902. — Das deutsche Reich wird 1908 nach völligem Verschwinden der Taler einen Umlauf an 2,- 1- und ½-Markstücken von 11 Mk. pro Kopf haben. Die Schweiz braucht aber im Durchschnitt mehr (etwa 15 Fr. pro Kopf).

zur Ruhe gekommen, die auf eine straffere Zentralisation des Notenbankwesens seit Jahren hinarbeiteten. Die beiden Jahrzehnte, die seit Mitte der achtziger Jahre verflossen sind, sollten diesen Bestrebungen Recht geben.[1])

Von 1884 bis 1887 trat auf dem Geldmarkte eine Zeit der Erschlaffung, verursacht durch allgemeine Stagnation des Wirtschafts- und Verkehrslebens, ein, die auf die Lage der Notenbanken in der Schweiz nicht günstig wirkte. Dazu kam ein Mangel an Goldgeld im Verkehr, der dadurch hervorgerufen war, daß die Banken zur Beschaffung ihrer Metalldeckung besonders Goldgeld verwandten. Die Metalldeckung selbst hob sich infolge des neuen Gesetzes auf 60 % der Notenzirkulation im Jahre 1883, begann aber schon in den nächsten Jahren derart zu sinken, daß drei Jahre später die verfügbare Metalldeckung (der Überschuß über 40 % der Emission) sehr schwach war. Die Zahl der Banken vermehrte sich um die Obwaldner Kantonalbank (Nr. 35).[2])

Ein Anstoß zur Besserung des Banknotengeldes kam, wie 1870, durch die drohende Gefahr einer Geldkrisis. Im Jahre 1887 nahm bekanntlich die Spannung zwischen Deutschland und Frankreich (Boulanger Kriegsminister Sept. 1886—Mai 1887) eine solche Schärfe an, daß man allerorts kriegerische Verwickelungen befürchtete. Da im März 1887 Italien dem deutsch-österreichischen Bündnis beigetreten war und seit 1879 Rußland sich Frankreich in seinem Haß gegen Deutschland genähert hatte, lag die Gefahr eines alle Grenzen der schweizerischen Eidgenossenschaft umbrandenden Krieges vor.

---

[1]) Diese Zeit ist eingehend bearbeitet in den Schriften von Jul. Wolf, P. Gygax, Kalkmann, Landmann, Geering, Springer, Angerhausen, Ernst u. a. Es kann daher hier von einer ausführlichen Erörterung abgesehen werden; insbes. werden diejenigen Bestrebungen, Versuche, Gesetzesvorlagen usw., die nicht zu einer Verwirklichung gelangt sind, übergangen und nur die Hauptlinien der Entwickelung des Kampfes gegen die Valutaverschlechterung und um die Notenbankreform verfolgt.

[2]) Mit Deckung von 60 % durch Kantonsgarantie. Nr. 22, die Solothurnische Bank wurde als Nr. 34 Solothurner Kantonalbank mit gleicher Deckung.

Ein solcher Krieg rief natürlich die Furcht vor dem Ausbruch einer zweiten Geldkrisis, ähnlich der des Jahres 1870, hervor.

Diese Furcht war nicht unberechtigt. Es befand sich sehr wenig Goldgeld im Verkehr. Dafür war derselbe mit einer Zirkulation von (im Februar 1887) 135,9 Mill. Fr. Banknoten durchtränkt.[1]) Diesen stand in den Banken ein Metallgeldvorrat als Deckung in Höhe von nur 70,2 Mill. Fr., d. h. also 52 %, der Zirkulation gegenüber. Die übrigen kurzfälligen Deckungen oder leicht realisierbaren Aktiven waren sehr gering. Dazu kam, daß der Metallgeldimport aus Frankreich sehr erschwert und teuer war. Die Goldprämie der Banque de France stand seit Anfang Januar auf 6—7 ‰, der Diskontosatz in Zürich auf 4—4,5 %. Zu gleicher Zeit machten sich starke Bezüge von Metallgeld aus den Notenbanken durch Kündigung der Depositen der Bundeskasse und seitens Privater und industrieller Unternehmungen bemerkbar.[2]) Dazu stieg der Wechselkurs auf Paris bis auf, ja über den Goldpunkt (100,20), und es fanden Metallgeldsendungen nach Frankreich statt.

Auf diese Lage machte das eidgenössische Finanzdepartement durch ein Rundschreiben vom 1. März 1887 die Emissionsbanken aufmerksam und forderte sie auf, zur Sicherung ihrer Liquidität durch Erhöhung der Metalldeckungen zu sorgen.

Dieses Rundschreiben hatte zuerst den Erfolg, die bedrohliche Lage des Geldmarktes noch zu verschärfen. Die Notenpräsentierungen mehrten sich, manche Banken mußten rundweg jedes Diskontobegehren abschlagen, andere erhöhten ihren Diskontsatz außerordentlich. Kein Wunder, hatte doch manche Bank nur noch die gesetzliche und stets unangreifbare Notendeckung von 40 % in ihren Tresors.[3])

Erst als der Bundesrat beschloß,[4]) für den Fall eines Krieges die Ausgabe von 30 Mill. Fr. in Bundeskassenscheinen vorzu-

---

[1]) Kalkmann, Untersuchungen über das Geldwesen der Schweiz Tab. IV.

[2]) Landmann, Das schweizerische Bankgesetz, 1906. S. 59.

[3]) Landmann, ebendort S. 61. [4]) Bdbltt. 1888, II, 196.

bereiten, beruhigte sich der Geldmarkt wieder etwas.[1]) Der Metallgeldbestand hatte sich gebessert, er betrug bei einer ausgewiesenen Zirkulation von 131 Mill. Fr. im Juni 1887 80,4 Mill. Fr., d. h. etwa 62 %. Die verfügbare Metallgelddeckung betrug somit 28 Mill. Fr.

Der Mangel an Goldgeld und die Erinnerung an den Nutzen der Sovereigntarifierung im Jahre 1870 veranlaßte den Bundesrat aber doch, am 12. April 1887 von der Bundesversammlung die Ermächtigung zur Tarifierung ausländischer Goldmünzen gemäß dem durch Gesetz vom 22. Dez. 1870 abgeänderten Art. 9 des Münzgesetzes vom 7. Mai 1850 zu fordern (s. § 7). Es erfolgte auch am 23. Juni 1887 ein Bundesbeschluß, der den Bundesrat ermächtigte, die Vollziehung und nachher wieder die Außerkraftsetzung folgender Tarifierungen zu bestimmen: Der Sovereign zu 25,20 Fr., das Zwanzigmarkstück zu 24,70 Fr., die goldenen Fünfdollarstücke zu 25,90 Fr.[2])

Diese Tarifierung hätte, wäre sie in Kraft getreten, ebenso wie 1870 einseitigen Synchartismus mit Großbritannien, dem deutschen Reich und den Vereinigten Staaten von Nordamerika geschaffen.

Die politische Wendung in Frankreich nach dem Sturz Boulangers brachte jedoch die drohende Krisis nicht voll zum Ausbruch, und so unterblieb die Vollziehung der Tarifierung.[3]) Gleichwohl ist es für die Abhängigkeit der Schweiz von Frankreich in Geldsachen bezeichnend, daß man auch nach dem Notenbankgesetz von 1881 nicht aus eigener Kraft über eine Krisis hinwegkommen zu können glaubte.

---

[1]) Nachdem 1887 die Herstellung der Bundeskassenscheine beschlossen aber aufgeschoben war, wurden sie 1899 hergestellt. Es wurden je 10 Mill. Fr. zu 5-, 10- und 20-Frankenscheinen, davon 5/8 deutsch, 2/8 französisch und 1/8 italienisch auf Kosten des Münzreservefonds angeschafft und im Bundeshause aufbewahrt. Der Aufdruck lautet: „Die eidgenössische Staatskasse zahlt dem Ueberbringer .... Franken in gesetzlicher Barschaft." Es fehlen nur noch das Datum und die Unterschriften. (Bdbltt. 1900, I, 237).

[2]) Die Tarifierung geschah nach dem Feingehalt der Münzen gemäß dem Gesetz.

[3]) Bdbltt. 1888, II, 195.

Damals hatte die Schweiz trotz der am 22. Dez. 1870 freigegebenen Goldprägung (s. § 7) in der Berner Münzstätte nur sehr wenig Goldgeld selbst geprägt.

Da der Goldpreis während der siebziger Jahre andauernd sehr hoch stand, auch die Berner Münzstätte mit Silberscheidegeldprägungen beschäftigt war (s. § 8), wurden erst 1883 zum ersten Male goldene, eidgenössische Zwanzigfrankenstücke im Nennwert von 5 Mill. Fr. geprägt. Das Gleiche geschah 1886.[1]) Seit 1889 wurden dann jährlich 2—2,5 Mill. Fr. Goldgeld geprägt.[2])

Auch wurde, um die Goldprägung auf Rechnung von Privatpersonen zu erleichtern, am 7. Sept. 1889 durch ein Regulativ[3]) der Schlagschatz für das kg Gold $^9/_{10}$ fein auf 6,70 Fr. herabgesetzt, da sich der Goldpreis verringert hatte. Damit erhielt das Gold in der Schweiz eine feste untere Preisgrenze von 3 093,30 Fr. pro kg $^9/_{10}$ fein. Jedoch fanden auch fernerhin keine erheblichen Prägungen auf Rechnung Privater statt.

Die Krisis hatte aber außer der Inangriffnahme der Goldprägungen einen zweiten wichtigeren Erfolg. Sie hatte auch die Schwächen des Notenbankwesens gezeigt und ließ daher eine Menge von Vorschlägen zu ihrer Abhilfe auftauchen.[4])

Die Höhe des Notenumlaufs in Händen Dritter betrug 1887 122,786 Mill. Fr. oder 46,20 Fr. pro Kopf der Bevölkerung. Davon waren nur 61,6 % durch Metallgeld gedeckt (70 % in Gold-, 30 % in Silbergeld).[5]) Die Deckung in Goldgeld betrug 43 % der effektiven Zirkulation, überstieg also die gesetzliche $^2/_5$-Deckung nur wenig. Die ganze verfügbare Deckung bestand

---

[1]) Der Stempel zeigt auf dem Avers den Helvetiakopf, auf dem Revers das Wappen in Lorbeer- und Eichenkranz, der Rand trägt die Umschrift „Dominus providebit" und 13 Sterne.

[2]) Davon hatte man 1884 und 1886 über 6 Mill. Fr. den Emissionsbanken überwiesen, um sie zur Deckung der 40 % der Notenzirkulation zu verwenden, und um auf diese Weise das Goldgeld eidgenössischen Gepräges möglichst lang im Lande zu erhalten. Die Bundeskasse selbst hatte seit 1888 einen Kriegsschatz von 10 Mill. Fr. Goldgeld (Bdbltt. 1885, II, 593).

[3]) A. S. N. F. XI, 235.

[4]) S. die Litteratur bei Landmann loc. cit. S. 58.

[5]) Kalkmann, loc. cit. Tab. III.

fast nur aus silbernen Fünffrankenstücken. Auf diesen beruhte daher damals der Geschäftsumsatz der Banken. Daß somit bei jedem plötzlich eintretenden starken Notenandrang (zur Einlösung) die verfügbaren Geldmittel der Banken an Metallgeld rasch aufgebraucht sein mußten, war klar.

Dieser Zustand wurde auch nach der Krisis von 1887 nicht besser. Die Metallgelddeckung sank 1889 auf 57,3%. Die Stimmen, die eine Revision des Gesetzes vom 8. März 1881 verlangten, wurden immer lauter.

Daher legte der Bundesrat im Jahre 1890 einen neuen Gesetzentwurf auf Grund des bisherigen Art. 39 der Verfassung, d. h. auf Grund von Bankvielheit, vor. Die Bewegung zugunsten einer Zentralbank mit Notenmonopol ließ diesen Entwurf in den Räten gar nicht zur Behandlung kommen.

Auf Grund einer Motion des Nationalrats Keller legte nun der Bundesrat einen Entwurf für Abänderung des Art. 39 im Sinne der Übertragung des Notenmonopols an den Bund, bezw. ein von diesem zu errichtendes Institut, der Bundesversammlung Ende 1890 vor. Erst im Sommer 1891 wurde der neue Art. 39 angenommen. Er lautet folgendermaßen:

„Art. 39. Das Recht zur Ausgabe von Banknoten und anderen gleichartigen Geldzeichen steht ausschließlich dem Bunde zu.

Der Bund kann das ausschließliche Recht zur Ausgabe von Banknoten durch eine unter gesonderter Verwaltung stehende Staatsbank ausüben, oder es, vorbehaltlich des Rückkaufsrechtes, einer zu errichtenden zentralen Aktienbank übertragen, die unter seiner Mitwirkung und Aufsicht verwaltet wird.

Die mit dem Notenmonopol ausgestattete Bank hat die Hauptaufgabe, den Geldumlauf des Landes zu regeln und den Zahlungsverkehr zu erleichtern.

Der Reingewinn der Bank, über eine angemessene Verzinsung beziehungweise eine angemessene Dividende des Dotations- oder Aktienkapitals und die nötigen Einlagen in den Reservefonds hinaus, kommt wenigstens zu zwei Dritteln den Kantonen zu.

Die Bank und ihre Zweiganstalten dürfen in den Kantonen keiner Besteuerung unterzogen werden.

Eine Rechtsverbindlichkeit für die Annahme von Banknoten und anderen gleichartigen Geldzeichen kann der Bund, außer bei Notlagen in Kriegszeiten, nicht aussprechen.

Die Bundesgesetzgebung wird über den Sitz der Bank, deren Grundlagen und Organisation, sowie über die Ausführung dieses Artikels überhaupt das Nähere bestimmen."

Dieser Gesetzartikel der Verfassung löste die meisten der mit der Errichtung einer Zentralbank verbundenen prinzipiellen Fragen, nur nicht die grundlegende: Staatsbank oder Aktienbank? Hierüber entbrannte bis zum Jahre 1905 der Streit der politischen Parteien. —

Während dieser Jahre (1891—1906) setzt ein anderer Kampf ein, das Ringen der Notenbanken[1]) gegen die Verschlechterung der schweizerischen Valuta. Seit Anfang der neunziger Jahre strebt die Eidgenossenschaft danach, das Goldgeld valutarisch zu behandeln. Sie kann der rechtlichen Stellung der Geldarten nach entweder das Goldgeld oder das silberne Kurantgeld zu 5 Fr. zum Währungsgeld wählen. Seit der gleichen Zeit ist es aber noch nicht gelungen, nur das Goldgeld valutarisch zu behandeln. Jahrelang war das Silberkurantgeld allerdings so selten, daß es vom Staate (Bund, Kantone) nur akzessorisch behandelt werden konnte, aber die Notenbanken haben fast stets nur in Silberkurantgeld eingelöst.

Die Währung der Schweiz ist nach wie vor eine schwebende, wenngleich im internationalen Geldverkehr mit ihr alles auf Zahlung in Goldgeld gestimmt wird.

Nun machte sich seit 1890 folgender Vorgang immer mehr und mehr im Notenbankwesen der Schweiz bemerkbar: Während der Diskontosatz der Banque de France niedrig war, stand der-

[1]) Neugegründet wurden in diesen Jahren: (Nr. 36) die Kantonalbank von Schwyz (mit Kantonsgarantie), (Nr. 37) Credito Ticinese (mit Wertschriftendeckung), (Nr. 38) Banque de l'Etat de Fribourg an Stelle von Nr. 25 (mit Kantonsgarantie) und (Nr. 39) die Zuger Kantonalbank (ebenfalls). Auf ihr Emissionsrecht verzichteten Nr. 10, 19, 15 und 16 (s. ob. Tab. S. 196.). — Inspektor der Notenbanken war seit 1888 F. F. Schweizer, seit 1894 A. Landoz bis 1898. Seitdem führte die Geschäfte, seit 1905 als Inspektor J. Ernst, seit 1907 (April) A. Locher aus Zürich.

selbe in der Schweiz hoch, und trotz hohen Wechselkurses auf Frankreich nahm die verfügbare Metallgelddeckung der Notenbanken von Jahr zu Jahr ab.

Wie aus der beiliegenden Tabelle I hervorgeht, ist der durchschnittliche Diskontosatz der schweizerischen Banken seit 1892 andauernd gestiegen. Von 3,09 % im Jahre 1892 stieg er auf 4,97 % im Jahre 1899, obwohl die Diskontsätze der größeren europäischen Notenbanken in dieser Zeit keine allgemein aufsteigende Tendenz zeigten. Zu gleicher Zeit bewegten sich die Wechselkurse auf die wichtigsten Staaten bis an, ja über den Goldpunkt. So stieg die Devise Paris von 100,10 (1892) auf 100,49 (1899), Devise London von 25,18 auf 25,35, Devise Deutschland von 123,54 auf 123,91.[1]) Nur die Devise Mailand macht hiervon eine Ausnahme, insofern sie stets unter Pari blieb. Allerdings stieg sie aber in der gleichen Zeit von 89,69 bis 94,00.

Diesem Steigen der ausländischen Kurse in der Schweiz entsprach natürlich ein gleichzeitiges, regelmäßiges Sinken der Devise Schweiz an den ausländischen Bankplätzen: Die Valuta der Schweiz verschlechterte sich von 1890—1900 ganz erheblich.

Dieses Steigen der ausländischen Wechselkurse hat folgende Gründe. Der Wechselkurs auf ein Land steigt, wenn das Angebot von Wechseln auf dieses Land hinter der Nachfrage zurückbleibt, d. h. wenn die Schweiz an dieses Land so verschuldet ist, daß sich die Handels- und Kapitalbilanz auf Seite der Schweiz passiv zeigt. Die Kapitalbilanz der Schweiz festzustellen, ist nicht möglich, wohl aber die Handelsbilanz. Diese zeigt folgende Gestaltung:

Der Einfuhrüberschuß betrug[2]) jährlich:

1885	47	Mill. Fr.	1901	215	Mill. Fr.
1892—94	ca. 200	„ „	1902	250	„ „
1895	250	„ „	1903	310	„ „
1896	300	„ „	1904	350	„ „
1897—99	350	„ „	1905	410	„ „
1900	280	„ „	1906	420	„ „

[1]) Der Paristand dieser Devisen ist: Frankreich 100,00, England 25,22, Deutschland 123,45, Italien 100,00.

[2]) Nach den Zahlen der amtlichen Handelsstatistik.

Im Jahre 1906 betrug die Gesamteinfuhr etwa 1500 Mill. Fr. Diese jährlich wachsende Handelsverschuldung der Schweiz an das Ausland (bes. Deutschland und Frankreich) ruft in ihr ein immer größeres Guthaben des Auslands hervor. Dieses Guthaben wird nun aber durch die Bezahlung von Zinsen und Dividenden sowie Kapitalrückzahlungen für ausländisches, in der Schweiz angelegtes Kapital[1]) zurückbezahlt.

Diese Zahlungen genügen aber nicht, um den Einfuhrüberschuß völlig auszugleichen, so daß stets in der Schweiz ein starker Bedarf nach ausländischen Wechseln vorhanden ist. Je höher nun die Nachfrage nach diesen, desto höher die Kurse.

Besonders wichtig ist der Wechselkurs auf Paris. Dieses ist der wichtigste Geldplatz für die Schweiz, auf dem die meisten Verbindlichkeiten für sie aus europäischem und vor allem aus überseeischem Verkehr abgewickelt werden.[2]) Durch Wechsel auf Paris werden die meisten Bezüge an Korn, Baumwolle, Seide, Kaffee, Öl, Petroleum usw., die aus Italien, Rumänien, Rußland und Amerika stammen, beglichen. Auch der Zahlungsverkehr nach Belgien, England und Deutschland geht z. T. über Paris.[2])

Daher ist der französische Wechselkurs für die Valuta der Schweiz der maßgebende.

Zu gleicher Zeit ging nun auch mit der Verschlechterung des Valutastandes eine erhebliche Änderung in der Zusammensetzung des Geldumlaufs der Schweiz vor sich.

Da man überall die Absicht äußerte, zur sog. reinen Goldwährung[3]) überzugehen, d. h. dem Silberkurantgeld den Charakter des Scheidegeldes zu geben, strebten die Banken danach, ihre Metallgelddeckung mit Goldgeld auszufüllen. Während 1883 von dem Metallgeldvorrat der Notenbanken[4]) nur 62 % in Goldgeld bestanden, 38 % in Silber, war dies Verhältnis 1899 für Gold 90,6 %, für Silber 9,4 %. Dabei war der absolute Silberbestand von 22,043 Mill. Fr. auf 10,041 Mill. Fr. gesunken, die Emis-

[1]) Besonders für Eisenbahnen, Elektrizitätswerke, Fabriken, Hotels etc.

[2]) s. Kalkmann, Landmann u. a.

[3]) 1894 wurden Vorarbeiten zu einem Gesetz hierüber gemacht.

[4]) Kalkmann, Tab. III.

sion aber auf 224 Mill. Fr. von 123 Mill. Fr. (1883) gestiegen. Seit 1892 bestand die unantastbare Notendeckung von 40 % ganz aus Goldgeld, und von der verfügbaren Metallgelddeckung (über 40 %) i. J. 1899 nur noch die Hälfte aus Silberkurantgeld.

Diese Ansammlung von Goldgeld in den Banken hatte natürlich die Folge, daß es dem freien Verkehr entzogen wurde und zu fehlen begann. Das neue „Schweizergold"[1]) gab man teils den Banken für die Metalldeckung, teils behielt man es im Depot des Finanzdepartements, teils zahlte man es für Gehälter aus.[2]) Dasselbe wurde vielfach zu industriellen Zwecken wieder eingeschmolzen, ist aber anscheinend doch in der Hauptsache im Lande geblieben.

Der Goldgeldmangel wurde zeitweilig so groß, daß das Gold ein Agio erhielt. Dieses Agio ist ein synchartales: Der Wechselkurs auf Frankreich, das dieses gleiche Goldgeld valutarisch behandelte, stand hoch, die Schweiz (bes. die Banken) behandelte aber das Silberkurantgeld valutarisch, das Goldgeld akzessorisch. So wurde das Goldgeld sehr gesucht und erhielt ein Agio, das auf seiner Synchartalität beruhte.

Die Lücke, die durch das Verschwinden des Goldgeldes entstand, wurde durch die Banknoten ausgefüllt, bes. durch die kleinen Noten zu 50 Fr. Da der Betrag derselben auf ein Viertel der Gesamtemission kontingentiert war, wurde diese Grenze infolge des großen Bedarfs fast erreicht.[3])

---

[1]) 1895 wurde für die Stempel das Modell Landry angenommen: Avers: Büste einer jungen Frau mit Umschrift Helvetia, im Hintergrund Alpen, Revers: Eichenzweig mit Wappenschild, Wertangabe und Jahreszahl, Rand: 22 Sterne (Bdbltt. 1896, I, 622).

[2]) In Bern pflegten Bankangestellte den Beamten das Goldgeld auf dem Rückweg von der Bundeskasse mit einem Aufschlag ab-, und mit höherem ihren Banken zu verkaufen.

[3]) Die Abschnitte à 1000 Fr. betrugen 1905 6,8 % der Emission
„ „ „ 500 „ „ „ 12,5 % „ „
„ „ „ 100 „ „ „ 57,8 % „ „
„ „ „ 50 „ „ „ 22,9 % „ „
[Der Ersatz defekter Noten betrug 1898—1905 durchschnittlich 24,6 % der umlaufenden pro Jahr.]

Die Noten konnten jedoch den Metallgeldmangel an Goldgeld nur bis zu einer unteren Grenze von 50 Fr. ersetzen. Den Raum zwischen 5 Fr. und 50 Fr. hätte das Fünffrankenstück ausfüllen sollen. Darauf ließe auch das andauernde Abstoßen von Silberkurantgeld durch die Banken schließen. Dem war jedoch nicht so. Das Fünffrankenstück war im Verkehr geradeso selten, wie das Goldgeld,[1]) so daß z. B. 1899 die Bundeskasse mit hohen Kosten sich $^1/_2$ Mill. Fr. in Fünffrankenstücken aus Frankreich kommen ließ,[2]) und 1898 eine Kantonalbank auf Silberkurantgeld ein Agio bezahlte.[3])

Dieses Fehlen des Fünffrankenstückes[4]) rührte daher, daß es in großen Beträgen nach Frankreich abfloß.

Man machte nämlich in der ersten Hälfte der neunziger Jahre die Beobachtung, daß jedesmal mit steigender Devise Paris die Ausfuhr von Silbergeld zunahm. Man konnte ja, sobald der französische Wechselkurs über den Goldpunkt (100,20) stieg, nicht nur Goldgeld (dies war infolge des Agios teuer), sondern auch Silberkurantgeld nach Frankreich zur Begleichung einer Schuld entsenden. Dieses genoß im ganzen Gebiet der Münzunion Kassenkurs und wurde in Frankreich von den Filialen der Banque de France sowohl, als auch von jedem Privaten angenommen, selbst wenn es nicht französisches Gepräge trug.

Durch Versendung solcher Fünffrankenstücke konnte man also zu festem Preise (100,20 Fr. pro 100 Fr.) seine Zahlungen nach Frankreich ausrichten. Dadurch ersparte man den Verlust, den man beim Ankauf von Wechseln erlitt, wenn diese im Kurs über dem Goldpunkte standen.

Silberkurantgeld zum Versand konnte man leicht erhalten. Man präsentierte an den Schaltern einer Bank schweizerische Banknoten und erhielt dieselben in Metallgeld eingelöst. Dieses Metallgeld bestand fast nur aus Silbergeld. Einmal gaben die

---

[1]) Bdbltt. 1898, I, 325. [2]) Bdbltt. 1900, I, 288.

[3]) P. Gygax, loc. cit. S. 128.

[4]) Eine Folge desselben ist auch der hohe Silberscheidegeldbedarf. Das Scheidegeld mußte eben bis zu 50 Fr. die Zahlungen tragen, wozu es nicht bestimmt und nicht zahlreich genug war.

Banken Goldgeld ungern al pari ab, zweitens suchten sie ihren Goldbestand zu erhöhen (wegen der beabsichtigten Goldwährung) und das Silber abzustoßen, und drittens zwang sie die Goldprämienpolitik der Bank von Frankreich, ihr Gold zu schützen. Diese gibt ihr Goldgeld bekanntlich nur gegen eine Prämie (Agio) her. Wenn aber die schweizerischen Banken Gold al pari abgaben, lag die Gefahr vor, daß man in der Münzunion dies alsbald ausnützte und den Goldbestand der schweizerischen Banken ausschöpfte.

Dieser Silbergeldausfuhr in der ersten Hälfte des Jahres stand in der zweiten Hälfte (bis 1896) eine ziemlich starke Silbergeldeinfuhr gegenüber. Diese ist durch die Ausfuhr veranlaßt und beruht auf folgenden Verhältnissen.

Der Geldmarkt der Schweiz zeigt zu den beiden Hauptzahlterminen 1. Mai und 1. November eine starke Nachfrage nach kleineren Zahlungsmitteln (5—100 Fr.). Die Notenbanken erhalten um diese Zeit einerseits viele Noten zur Einlösung, anderseits viele Wechsel zum Diskontieren. Daher müssen sie zu diesen Terminen mit dem nötigen Vorrat an Metallgeld und Banknoten versehen sein.

Die Beschaffung der nötigen Noten machte nie Schwierigkeiten. In kurzen Zwischenräumen kamen die Banken beim Bundesrat um Bewilligung einer höheren Emissionssumme ein, so daß dieselbe sich 1885—1905 verdoppelte. Der Geldumlauf war daher auch mit Noten sehr durchtränkt, zumal es das Interesse der Banken erheischte, alle Noten im Verkehr zu haben, da sie die Notensteuer nicht von der tatsächlichen Zirkulation, sondern von der bewilligten Emission zahlen mußten.

Schwerer war die Beschaffung des nötigen Metallgeldes. Man mußte sich Fünffrankenstücke zu verschaffen suchen, ohne sie dem Verkehr entziehen zu können, da sie ja abgeflossen waren (nach Frankreich, in der ersten Hälfte des Jahres), und konnte sie sich nur daher verschaffen, wohin sie abgeflossen waren. Daher mußte man Wechsel auf Frankreich kaufen, sie an den französischen Banken gegen Silberkurantgeld eintauschen, wobei man die Goldprämie ersparte, und dieses nach der Schweiz senden. Da nun der Kurs auf Frankreich in der zweiten Jahreshälfte wegen eines Fehlens von Zahltagen (1. Jan. und 1. April) tiefer stand als in der ersten, fand der Ankauf dieser Wechsel und die anschließende Silbergeldeinfuhr vornehmlich in der zweiten Hälfte des Jahres statt.

Diese Vorgänge, Verschuldung der Schweiz an das Ausland, infolgedessen hohe Wechselkurse, daher Metallgeldversand nach dem Hauptgeldplatz Frankreich und aus diesem Grunde und infolge der Goldgeldanhäufung in den Notenbanken Mangel an Gold- und Silberkurantgeld im Verkehr, prägen den Geldverhältnissen in der Schweiz bis 1896 ihren Stempel auf. Man sollte nun glauben, die Metallgeldversendung regulierte die Wechselkurse und drückte sie wenigstens unter die Goldpunkte herab. Dies war bis 1896 auch der Fall.

1896—1900 zeigte sich aber das auffallende Phänomen, daß der Wechselkurs im Jahresdurchschnitt bei der Devise Paris, 1899 und 1900 sogar im tiefsten Stand, nicht unter den Goldpunkt (100,20) sank.

Die Erklärung dieser Erscheinung ist Dr. Ph. Kalkmann gelungen.[1])

Die verfügbare Metallgelddeckung der Notenbanken war, wie schon erwähnt (vergl. auch Tab. I), sehr schwach und daher ständig in Gefahr zu versiegen. Deshalb mußten die Banken fortwährend auf die Erhaltung eines gewissen verfügbaren Silbergeldbestandes bedacht sein, und so suchte man jede Lücke sofort durch Bezug von Metallgeld mittelst französischer Wechsel in der erwähnten Weise auszufüllen. Die Lücken entstanden in Zeiten hohen Kurses, d. h. wenn Pariser Wechsel sehr gesucht waren und der Metallgeldversand rentabel wurde. Dann mußten aber auch sofort die Notenbanken wieder Pariser Wechsel suchen, um die entstandenen Lücken durch Metallgeldbezug aufzufüllen. Dadurch steigerten sie selbst die Nachfrage nach französischen Wechseln, deren Stärke den hohen Kursstand herbeigeführt hatte, und trieben so selbst den Kurs in die Höhe, hielten ihn über dem Goldpunkt.

[1]) Untersuchungen über das Geldwesen der Schweiz, 1900.

Der Fehler war also der Ankauf von französischen Wechseln seitens der Notenbanken bei hohem Kursstand.

Dieses Vorganges bemächtigte sich nun die Drainage. Man verschaffte sich durch Wechselpräsentation und Noteneinlösung Silberkurantgeld, sandte dies über die französische Grenze an französische Bankhäuser und zog Wechsel darauf. Diese Wechsel bot man dann bei hohem Kursstand den schweizerischen Notenbanken zum Ankauf an. Da man sie in Frankreich unter Pari zog, in der Schweiz über dem Goldpunkt verkaufte, sprang bei dieser Silbergelddrainage ein bedeutender Gewinn heraus.

Durch diese Drainage, die in großem Stil von einzelnen Agioteuren (Draineuren) getrieben wurde,[1]) und gegen die es keinerlei Möglichkeit des Einschreitens gab, wurde der Kurs auf Paris hochgehalten, der Stand der Notenbanken immer mehr geschwächt. Von 1896 ab war das ständige Bild: Ankauf französischer Wechsel und Silberimport bei hohem Stand der Devise Paris.

Der nächstliegende Grund des Steigens des Pariser Wechselkurses war in der Dezentralisation des Notenbankwesens zu suchen. Wenn jede Bank ganz für sich stand, jede ihren eigenen Diskont- und Lombardsatz hatte, jede eine eigene Notenpolitik trieb, konnte das Notenbankwesen sich nicht gedeihlich entwickeln.

Das 1882 gegründete Konkordat der Emissionsbanken setzte 1893 ein Diskontokomitee zur Festsetzung eines gemeinsamen Diskonts ein. Da aber keine Bank gezwungen war, denselben einzuhalten, hatte die Einrichtung wenig Erfolg.

Erst das schlechte Bankjahr 1898[2]) brachte mehr Zug in die Zentralisierungsbestrebungen des Konkordats. In diesem Jahr zwang die Spekulation der Draineure die Berner Kantonalbank zum Einzug ihrer Filiale in Pruntrut, die Banque du Commerce in Genf geriet in Schwierigkeiten. Im Jahre 1899 verzichtete die Banque de Genève auf das Recht der Notenausgabe wegen

[1]) 1900 wurden über 100 Mill. Fr. Silbergeld drainiert.

[2]) 1898 wurde als Nr. 40 die Banca populare di Lugano (mit Wertschriftendeckung), 1900 (Nr. 41) die Basler, 1901 (Nr. 42) die Appenzell-Innerrhodener Kantonalbank (beide mit Kantonsgarantie) errichtet.

der hohen Kosten des Silberimports.[1]) Im Jahre 1900 stand die schweizerische Valuta im Durchschnitt gegen England um 16, gegen Deutschland um 3, gegen Frankreich um 54 Punkte zurück.

Dazu kam das chronische Nichtzustandekommen der Zentralnotenbank. Nachdem 1897 der erste Entwurf, der eine reine Staatsbank vorsah, durch die Volksabstimmung gefallen war, hatte man 1898 einen zweiten ausgearbeitet. Nach diesem sollte das Kapital der Bundesbank durch Bund, Kantone und Privatbanken aufgebracht werden. Dieser Entwurf scheiterte im Juni 1901 an der Sitzfrage (Bern oder Zürich) in der Bundesversammlung, so daß die Zentralnotenbank nach zehn Jahren immer noch auf dem Papier stand und ihre Verwirklichungsaussichten recht gering waren.

Alle diese Umstände riefen nun eine Reihe von Abmachungen der Konkordatsbanken mit ausgesprochen zentralistischer Tendenz hervor.

1898 und 1900 verbesserte man die Diskontofestsetzung. 1900 vereinbarte man temporäre Notenrückzüge bis zu 10% der Emission auf Anordnung des Diskontokomitees (zur Erhöhung der Elastizität des Notenumlaufs). 1899 beschloß man außerdem die den einzelnen Banken durch den Silbergeldimport entstandenen Kosten zur Hälfte jährlich zu repartieren. 1901 regelte man den Giro- und Abrechnungsverkehr der Emissionsbanken in Zürich neu und führte direkte Mandate und Generalmandate ein.

Die Folge dieser Einrichtungen des Konkordats war eine Abnahme der Silberdrainage seit 1902 und z. T. auch eine Besserung des Valutastandes. Die letztere ist jedoch auch auf die Veränderungen des Geldmarktes in der Schweiz und im Ausland zurückzuführen.

Die schweren Finanzkrisen in Deutschland und England (1901) drückten deren Wechselkurse in der Schweiz herab und erleichterten ihren Geldmarkt. Ferner nahm die Schweiz große ausländische Kapitalien für Eisenbahnbauten, Elektrizitätswerke usw. bei sich auf, wodurch ihr die Bezahlung ihrer Schulden

[1]) Sie hatte 1895—98, um 178 Mill. Fr. Silbergeld einzuführen, über 1 Mill. Fr. aufgewendet.

aus der Mehreinfuhr wesentlich erleichtert wird. Auch wirkten einzelne Konstellationen politischer und finanzieller Natur in Frankreich (Auswanderung von Kapitalien)[1]) günstig auf den Pariser Wechselkurs ein.

Alle diese Umstände sind jedoch nicht in der Lage, den Valutastand der Schweiz dauernd hochzuhalten. Die Verhältnisse des Weltgeldmarkts ändern sich rasch, und die Abmachungen der Konkordatsbanken beruhten auf Freiwilligkeit der Mitglieder. Den Anfang zu einer gründlichen Besserung konnte nur eine Zentralnotenbank bringen, indem sie die Geldpolitik der Schweiz fester und gleichmäßiger zu leiten vermag, als 36 noch so einige Notenbanken. Eine solche feste und einheitliche Leistung ist aber notwendig, wenn an das Grundübel herangetreten werden soll, das Bestehen einer Münzunion mit zwei metallisch verschiedenen Kurantgeldarten. Solange diese beiden Geldarten synchartal nebeneinander herlaufen, ist die Silbergelddrainage möglich und der Kurs stets gefährdet.

Nach dem zweimaligen Scheitern der Zentralnotenbankvorlage brachte der Bundesrat am 13. Juni 1905 eine Nationalbankvorlage ein. Dieselbe wurde am 6. Oktober zum Bundesgesetz über die schweizerische Nationalbank erhoben.[2])

Die wichtigsten Bestimmungen dieses Gesetzes sind folgende:

Art. 1. Der Bund überträgt das ausschließliche Recht zur Ausgabe von Banknoten einer nach den Vorschriften dieses Gesetzes unter dem Namen „Schweizerische Nationalbank“ zu errichtenden . . . . . zentralen Notenbank, die unter seiner Mitwirkung und Aufsicht verwaltet wird.

Art. 2. Die Nationalbank hat die Aufgabe, den Geldumlauf des Landes zu regeln und den Zahlungsverkehr zu erleichtern. Sie hat ferner den Kassenverkehr des Bundes, soweit er ihr übertragen wird, unentgeltlich zu übernehmen.

Art. 6. Das Grundkapital der Nationalbank wird aufgebracht . . . zu zwei Fünftel von den Kantonen oder den Kantonal-

[1]) Kongregationsgesetz, Einkommensteuervorlage, russische Kriegsanleihen in Paris u. a. m.

[2]) Bdbltt. 1905 Nr. 42.

banken, zu einem Fünftel von den Emissionsbanken, zu zwei Fünftel durch öffentliche Zeichnung.

Art. 15. Die Nationalbank ist reine Noten-, Giro- und Diskontobank. . . . . . .

Art. 18. Die Nationalbank ist berechtigt, nach Bedürfnis des Verkehrs und unter den durch dieses Gesetz aufgestellten Bedingungen Banknoten auszugeben, für welche einzig und allein sie die Verantwortung trägt.

Art. 19. Die Noten werden in Abschnitten von 50, 100, 500 und 1000 Fr. ausgegeben.

Der Bundesrat kann in außerordentlichen Fällen die Ausgabe von Banknoten in Abschnitten von 20 Fr. vorübergehend bewilligen.

Art. 22. Die Nationalbank ist zur Einlösung ihrer Noten zum Nennwert in gesetzlicher Barschaft verpflichtet.

Art. 23. . . . . die eidgenössischen öffentlichen Kassen sind pflichtig, die Noten der Nationalbank zum Nennwert an Zahlung anzunehmen.

Art. 31. Die Organe der schweizerischen Nationalbank sind:

a) Für die Aufsicht und Kontrolle:

Die Generalversammlung der Aktionäre, der Bankrat, der Bankausschuß, die Lokalkomitees, die Revisionskommission.

b) Für die Leitung:

Das Direktorium, die Lokaldirektionen.

Art. 75. Die Dauer des Privilegiums der Nationalbank für die Ausgabe von Banknoten ist auf zwanzig Jahre, vom Tage der Eröffnung der Bank an gerechnet, festgesetzt.

Art. 79—88 geben Übergangsbestimmungen, wonach innerhalb 3 Jahren vom gleichen Tage an die Noten der bisherigen 36 Emissionsbanken zurückgezogen sein müssen.

Die Finanzierung der Nationalbank vollzog sich im Frühjahr 1906 sehr glatt, die Organisation wurde 1906—1907 vollendet. Im Jahre 1907 eröffnete die Bank ihre Schalter in Bern, Zürich, Basel, Genf, St. Gallen, Luzern und Lausanne. Andere Zweiganstalten werden rasch folgen. Jedenfalls wird am 1. Juli 1910 das schweizerische Banknotenwesen völlig einheitlich geleitet sein.

Aufgabe der neuen Nationalbank im Hinblick auf die Valuta ist es, den Stand derselben zu heben durch Tiefhalten der fremden Wechselkurse. Deshalb muß sie die Notwendigkeit, französische Wechsel bei hohem Stand der Devise Paris ankaufen zu müssen, vermeiden. Dann kann es ihr gelingen, die Silberdrainage und damit das Verweilen des Pariser Wechselkurses über dem Goldpunkt zu verhindern.

Eine dauernde Gesundung der schweizerischen Währung kann aber nur durch die Beseitigung der Kurantgeldeigenschaft des Fünffrankenstückes im Münzbunde erfolgen. Ob aber dies ohne Trennung der Münzunion bei der großen Zahl der vorhandenen Stücke möglich ist, dürfte fraglich sein.[1]) Das Ziel der Geldpolitik der Schweiz muß die Auflösung der Münzunion bilden, wenn sie jemals zu einer selbständigen Beherrschung ihres Geldwesens kommen will.

---

[1]) Dieselbe ist in der Bundesversammlung 1897 und 1900 beantragt worden. Alle hierauf bezüglichen Fragen, wie Nationalisierung des Silberkurantgeldes, Einlösbarkeit oder Einziehung desselben, schrittweise Auflösung der Union, müssen in dieser rein historischen Darstellung übergangen werden.

Tab. I.

Notenbanken 1882—1906.[1])

Jahr	Zahl der Banken	Emission	Fr. pro Kopf Zirkulation	Metall-deckung	Deckungs-verhältnis	Diskont
		Mill. Fr. — Im Jahresdurchschnitt.			%	%
1882	29	103,5	34,30	54,5	65	2,11
1883	33	123,3	35,60	63,4	54	2,99
1884	33	133,9	39,80	72,7	56	2,85
1885	33	138,0	42,65	69,6	52	3,09
1886	33	139,9	43,70	70,2	51	3,05
1887	34	142,0	46,20	75,6	56	2,91
1888	34	150,3	47,70	74,1	58,8	3,13
1889	34	153,4	49,50	76,2	57,3	3,70
1890	35	161,3	51,70	80,9	57,7	3,88
1891	36	181,5	53,84	84,8	57,1	3,92
1892	34	177,2	52,90	88,9	59,5	3,09
1893	35	176,6	54,00	89,4	58,0	3,37
1894	34	180,5	54,48	92,4	58,3	3,17
1895	34	185,8	56,60	93,6	55,8	3,27
1896	34	197,3	59,50	95,7	53,9	3,94
1897	34	207,3	61,82	99,9	53,8	3,92
1898	35	219,6	63,80	104,2	53,7	4,31
1899	34	224,8	64,90	106,6	53,5	4,97
1900	35	228,2	65,40	108,9	54,3	4,88
1901	36	223,0	64,80	116,9	59,2	3,98
1902	36	230,2	65,50	114,4	55,5	3,77
1903	36	228,1	65,00	118,6	57,2	4,06
1904	36	234,3	66,25	118,0	55,3	4,05
1905	36	238,5	67,05	116,9	53,5	4,05
1906	36	240,0	67,20	121,0	55,0	4,76

[1]) Nach den jährlichen Berichten des Banknoteninspektorats.

Tab. II.

Wechselkurse 1889—1906.[1])

Jahr	Mittlere Notierung für kurzfällige Wechsel auf: Frankreich,	England,	Deutschland,	Italien.
	Paristand: 100,00	25,22	123,45	100,00
1889	100,14	25,25	123,59	99,26
1890	16	27	93	98,89
1891	22	29	124,25	49
1892	10	18	123,54	96,35
1893	13	21	63	92,58
1894	04	16	38	89,69
1895	10	24	51	94,45
1896	24	23	71	92,71
1897	35	23	88	95,04
1898	36	35	124,06	93,50
1899	49[2])	33	123,91	31[3])
1900	54[2])	26	48	94,16
1901	14	19	33	95,69
1902	30	22	29	98,83
1903	04	15	06	99,91
1904	15	18	36	99,88
1905	09	15	03	100,05
1906	01	16	122,87	99,99

[1]) Nach den jährlichen Berichten des Banknoteninspektorats.

[2]) Niedrigster Stand 100,22 und 100,29, höchster Stand beidemal 100,80, Goldpunkt 100,20!

[3]) Ende des französisch-italienischen Zollkrieges.

SCHLUSS.

Vergleichen wir, um einen Überblick über die Gesamtentwickelung des Geldwesens der Schweiz zu erhalten, die vier Tabellen auf den Seiten 53, 79, 97 und 131 aus den Jahren 1853, 1860, 1869 und 1884!

Die Geltung der Geldstücke hat sich 1860 und 1876 nach oben erweitert, das erstemal bis zu 100 Fr., das zweitemal bis zu 1000 Fr. Jenes waren Goldmünzen, dieses Banknoten. Diese Erweiterung der oberen Grenze entsprach dem Bedürfnis des Verkehrs und war beidemal bei den privaten Zahlungsmitteln, Goldgeld vor 1860 und Banknoten vor 1876, bereits eine Zeitlang im Gebrauch.

Das Gepräge der Münzen bezw. der Aufdruck der Scheine zeigt von jeher die verschiedenartigste Herkunft des Stückes. Jedoch zeigt sich das Streben nach Einheitlichkeit des Geldwesens darin, daß die Noten seit 1884 einheitlich und das Silberscheidegeld seit 1893 weniger buntscheckig sind.

In den Änderungen der Beziehungen des eidgenössischen und schweizerischen Geldes zum Metall zeigt sich die Entwickelung am deutlichsten. Billon- und Kupfermünzen verbleiben in ihrer Stellung stets. Das Silbergeld, ursprünglich sämtlich vollwertig und bar (frei ausprägbar), wird 1860 z. T. unterwertig und notal (nicht frei prägbar) und 1878 gänzlich notales und unterwertiges Geld. Das Goldgeld blieb immer vollwertig und frei ausprägbar. Das Notengeld war natürlich stets unterwertig und notal.

Bedenken wir, daß das Silbergeld bis 1860 das einzige von höherer Geltung (bis 5 Fr.) war, daß es 1873—76 sich außerordentlich vermehrte, bevor es notal wurde, daß ferner wenig Goldgeld im inländischen Geldumlauf vorhanden ist, dabei aber das Banknotengeld, eine notale Geldart, seit 1876 über zwei Drittel des Umlaufs ausfüllt, so erhellt, daß seit 1860 das notale, unterwertige Geld (Noten, Silberkurantgeld und Scheidenmünzen) das bare, vollwertige (nur das Goldgeld) fast ganz verdrängt hat.

1853 waren 5 Mill. Fr. notales Geld im Umlauf und etwa 110 Mill. Fr. bares (nur Silbergeld). 1883 waren etwa 250 Mill. Fr. notales Geld neben vielleicht 50 Mill. Fr. barem (nur Goldgeld). 1906 betrug der Umlauf notalen Geldes an Banknoten und Scheidegeld sowie Silberkurantgeld (zu 5 Fr.) über 300 Mill. Fr., d. h. ca 100 Fr. pro Kopf der Bevölkerung (1859 nur etwas über 2 Fr. pro Kopf).

Damit dürfte gezeigt sein, daß auch in der Schweiz geradeso, wie in England, Frankreich, dem deutschen Reiche und Östereich,[1]) im inländischen Geldverkehr das notale, unterwertige Geld das vollwertige, frei ausprägbare verdrängt, und daß jenes für den Geldverkehr im Inland genügt. —

Die funktionellen Stellungsveränderungen der Geldarten zeigen das gleiche Bild. Das Scheidegeld nimmt auf Kosten des Kurantgeldes zu bis 1860. Später wächst das Geld mit fakultativer Annahme bei Privaten auf Kosten des Kurantgeldes durch die Gründung der Münzunion und die Schaffung des Notengeldes.

Die Rechtsstellung des schweizerischen Geldes änderte sich viermal. Alles Kupfer- und Billon- bezw. Nickelgeld stand stets unter alleiniger eidgenössischer Leitung. Alles Silbergeld (bis auf 12 Mill. Fr.) war 1853 fremdes. Die Schweiz war Silbergeldprovinz Belgiens, Sardiniens und insbes. Frankreichs. 1860 wurde sie auch Goldgeldprovinz Sardiniens und Frankreichs (beidemal: einseitiger Synchartismus). 1866 wurde sie Mitglied des neuen Geldstaates lateinische Münzunion für Gold-, Silberkurant- und Silberscheidegeld. Dies ist sie bis heute geblieben. Für die am häufigsten in ihrem Gebiet umlaufende Geldart, die Banknoten, ist 1910 die Erwerbung der alleinigen Beherrschung in Aussicht. Diese ist zugleich der erste Schritt zu einer Gewinnung der Alleinherrschaft über das schweizerische Geldwesen durch Trennung von der Münzunion.

Für die Volks-, im besonderen die Geldwirtschaft

---

[1]) S. G. F. Knapp, Staatliche Theorie des Geldes, 1905, IV. Kap.

der Schweiz sind die wichtigsten Jahre folgende: 1852/3 die Schaffung eines einheitlichen Geldsystems, 1860 der Übergang zur Goldwährung mit dem so wichtigen Goldpari gegen England und Frankreich, 1881 die erste Organisation der Notenbanken, 1907/10 die Gründung der schweizerichen Nationalbank.

Besonders dieses letzte Ereignis ist für den Geldmarkt von höchster Bedeutung, denn die Nationalbank soll die Valuta der Schweiz regulieren, die Wechselkurse beeinflussen.

Ob es ihr aber gelingen wird, den Stand der schweizerischen Valuta an den ausländischen Börsen auf, ja über Pari zu halten, ist sehr fraglich. Die Schweiz kann aus ihrer wirtschaftlichen Verschuldung (Handelsbilanz) an das Ausland nicht herauskommen. Das Land ist als Wirtschaftsgebiet zu klein, von einer Mauer von Schutzzöllen umschlossen, der Mangel an Rohstoffen und die Entfernung vom Meere zu groß. Auch kann die fast überstarke industrielle Entwickelung und die durch sie hervorgerufene günstige Kapitalbilanz in ihrem Aufschwung nicht ewig dauern. —

Wir haben im vorhergehenden wiederholt den einseitigen Synchartismus berühren müssen. Es sei daher gestattet einiges Theoretische über denselben hier noch anzufügen.

Indem wir den Begriff Synchartismus für seine verschiedenen Arten zerlegen, bezeichnen wir die beiderseitige, auf völkerrechtlichem Vertrag beruhende Annahme des beiderseitigen Geldes in beiden Staaten als „zwei- bezw. mehrseitigen Synchartismus“. Die einseitige, auf Befehl eines Staates beruhende Annahme fremden Geldes in dem einen Staat stellt sich dann als „einseitiger Synchartismus“ dar.

Im ersten Fall entsteht ein Münzbund mit gemeinsamem Bundesgeld. Im zweiten Fall wird der annehmende Staat für die synchartale Geldart eine Geldprovinz des erzeugenden Staates. Daher ist es für ihn von entscheidender Bedeutung, was der gelderzeugende Staat mit seinen Geldstücken tut, wie er die synchartalen behandelt usw. Er hängt in allen Fragen der Stellung dieser Geldarten von dem anderen Staate ab.

Die rechtliche Stellung des einseitig synchartalen Geldstückes ist die eines gemeinsamen Eigentums. Daher muß der annehmende Staat die Kosten, die es verursacht (z. B. durch Abnützung, Einlösung, Einziehung usw.), zu seinem Teil tragen; denn wer ein Geld als seines gebraucht, hat selbstverständlich die dadurch entstehenden Kosten als seine Unkosten anzusehen.

Was die Stellung einseitig synchartalen Geldes im Inlande anbetrifft, so ist natürlich dem annehmenden Staate jeder Einfluß auf die platischen, dromischen und genetischen Beziehungen desselben zum Metall verwehrt. Alle hierfür im Heimatstaate des Geldstückes bestehenden Normen bleiben auch in dem Provinzialstaat an ihm unverändert haften.

Anders verhält es sich mit den funktionellen Stellungen des einseitig synchartalen Geldes. Hier kann der annehmende Staat das fremde Geld nach Belieben behandeln. Jedoch können sich leicht Schäden und Nachteile aus verschiedener Behandlung ergeben.

Es muß z. B. verhütet werden, daß man durch eine Geldart, die in ihrem Heimatstaate Scheidegeld ist, in dem annehmenden Staate Kurantgeld erhalten kann (z. B. durch Einwechselung an Staatskassen). Besonders gefährlich kann dies werden, wenn das fremde Geld unterwertig, das eigene vollwertig ist, da alsdann die Metallhändler ein gewinnbringendes Geschäft durch Einlösung des Geldes in einander machen können. Stets wird der Metallhandel das vollwertige Geld durch das unterwertige verdrängen.

Für die Stellung einseitig synchartalen Geldes gegenüber dem Heimatland ist folgendes zu beachten: Wird eine bare, synchartale Geldart beiderseits valutarisch behandelt, so ist der Abstand der Gold- bezw. Silberpunkte für den Wechselkurs der zwei Länder auf einander verringert, da die Umprägekosten bei frei ausprägbarem Gelde wegfallen.

Wird in dem einen Staate eine andere Geldart valutarisch behandelt, so liegt die Gefahr des Auftretens eines synchartalen Agios auf dem Synchartalgeld nahe, da dieses bei hohem Kurs auf das andere Land sehr gefragt ist. —

Die Folge des Verhältnisses des Synchartismus ist stets eine Abhängigkeit des einen Staates von dem anderen. Eine solche Abhängigkeit ist aber für das Geldwesen eines Staates, den Lebensnerv seiner Handels- und Verkehrswirtschaft, selten förderlich, meist hat sie, wie in der Schweiz, schädliche Folgen.

Es zeigt aber auch gerade das Scheitern der auf die lateinische Münzunion gesetzten Hoffnungen, daß nicht auf der technischen Beschaffenheit des einzelnen Geldstückes das Wesen des Geldes beruht, sondern auf der rechtlichen Stellung, die ihm die Gemeinschaft verleiht. Das Geld ist ein Geschöpf der Rechtsordnung, und wenn der Staat das Recht schafft, muß er auch Herr über das Geld sein.

Kolibri 360 GmbH
Ferdinand-Jühlke-Straße 7
99095 Erfurt, Deutschland
produktsicherheit@kolibri360.de